高等学校"十三五"规划教材

分析化学
学习指导

栾 锋 王 丽 庄旭明 邬旭然 主编

化学工业出版社

·北京·

内 容 简 介

　　《分析化学学习指导》为栾锋等主编《分析化学》的配套用书，按绪论、化学分析法概述、分析化学中的误差和数据处理、酸碱滴定法、配位滴定法、氧化还原滴定法、沉淀滴定法、重量分析法、分光光度法安排内容，每章均先进行知识点总结，然后给出理论课教材中的思考题和习题解答，以供读者自学和检查学习效果。

　　《分析化学学习指导》可供化学、化工、生物、医药、食品、环境、材料和轻工类各专业本科生使用，亦可供相关人员参考。

图书在版编目（CIP）数据

分析化学学习指导/栾锋等主编. —北京：化学
工业出版社，2020.12（2023.1 重印）
高等学校"十三五"规划教材
ISBN 978-7-122-38024-1

Ⅰ.①分… Ⅱ.①栾… Ⅲ.①分析化学-高等学校-
教学参考资料 Ⅳ.①O65

中国版本图书馆 CIP 数据核字（2020）第 242013 号

责任编辑：宋林青　李　琰　　　　　　　　文字编辑：刘志茹
责任校对：王素芹　　　　　　　　　　　　装帧设计：关　飞

出版发行：化学工业出版社（北京市东城区青年湖南街 13 号　邮政编码 100011）
印　　装：北京印刷集团有限责任公司
787mm×1092mm　1/16　印张 8¼　字数 206 千字　　2023 年 1 月北京第 1 版第 3 次印刷

购书咨询：010-64518888　　　　　　　　售后服务：010-64518899
网　　址：http://www.cip.com.cn
凡购买本书，如有缺损质量问题，本社销售中心负责调换。

定　　价：25.00 元　　　　　　　　　　　　　　　　版权所有　违者必究

前　言

　　《分析化学学习指导》是配合《分析化学》（栾锋等主编）编写的教学辅导书。全书章节完全与教材相匹配，共9章。每章包括简明的内容提要和知识点总结、思考题和习题的详细参考答案。本书的目的是便于学生掌握分析化学的重要理论，便于了解和掌握解题的基本方法和思路，便于复习，也便于读者练习与自测。

　　在本书的编写过程中，编者所在教研组对本书内容的筛选，尤其是典型习题的选择做了多次讨论。习题的编写和教材编写相一致，其中王丽老师负责编写了第3章和第6章的习题；庄旭明老师负责编写了第7章和第8章的习题；栾锋老师编写了第1章、第2章、第4章和第5章的习题并做最后统稿；郗旭然老师编写了第9章的习题并对习题筛选给予了很多中肯的建议；贺萍和田春媛老师做了大量的校订工作。

　　虽经几次审校，但难免有不妥之处，欢迎各位同行和读者指正。

编者
2020.4

目录

绪 论

知识点总结

知识点一 分析化学的定义和作用

1. 定义

分析化学是研究并确定物质的化学组成、含量、结构的一门基础的自然科学。物质的形态、能态及其时空变化规律以及研制各类分析仪器、装置及相关软件也属于分析化学的研究范畴之内。

2. 作用

分析化学在国民经济的发展、国防力量的壮大、生态环境的保护、人类健康的保障、自然资源的开发等方面都起着非常重要的作用。

分析化学广泛应用于地质普查、矿产勘探、冶金、化学工业、能源、农业、医药、临床化验、环境保护、商品检验、考古分析、法医刑侦鉴定等诸多领域。

同时，分析技术对化学学科、生物学科、环境学科，药学学科也起着重要的促进作用，如蛋白质组学、代谢组学、人类基因图谱等都高度依赖于分析技术的发展和分析化学的最新研究成果。

知识点二 分析化学的分类

根据方法原理、分析对象、分析任务、操作方式和具体要求的不同，分析方法可分为许多种类。

1. 化学分析法和仪器分析法

根据分析时所依据的原理可将分析方法分为化学分析法和仪器分析法两大类。化学分析法是以物质的化学反应为基础的分析方法，主要有滴定分析（容量分析）法和重量分析法。其优点是常量成分分析误差小，分析结果准确度高；缺点是微量、痕量成分分析误差大或根本无法进行。

仪器分析法是以物质的物理或物理化学性质为基础的分析方法。它的优点是快速、灵敏，操作简便，适于微量、痕量成分分析及提供结构、形态、能态、动力学等全面的信息；缺点是误差大，需要专门的仪器，且仪器价格昂贵。

2. 定性分析、定量分析和结构分析

根据分析任务可将分析化学分为定性分析、定量分析和结构分析。定性分析是鉴定物质是由哪些元素、原子团、官能团或化合物所组成的。定量分析是测定物质中有关组分的含量或纯度。结构分析是研究物质的分子结构和晶体结构等结构信息。

3. 无机分析和有机分析

根据分析对象的化学属性不同，可将分析化学分为无机分析和有机分析两类。无机分析的分析对象为无机物。有机分析的分析对象为有机物。

4. 常量分析、微量分析和痕量分析

根据分析时所需试样量的不同，分析方法分为常量分析、半微量分析、微量分析和痕量分析。根据被测组分含量可将分析方法分为常量组分分析、微量组分分析和痕量组分分析，具体的分类如表 1-1 和 1-2 所示。

表 1-1　按试样用量分类

方法名称	所需试样质量/mg	所需试液体积/mL
常量分析（macro analysis）	100～1000	10～100
半微量分析（semimicro analysis）	10～100	1～10
微量分析（micro analysis）	0.1～10	0.01～1
超微量分析（ultramicro analysis）	<0.1	<0.01

表 1-2　按被测组分含量分类

方法名称	相对含量/%
常量组分分析（macro component analysis）	>1
微量组分分析（micro component analysis）	0.01～1
痕量组分分析（trace component analysis）	<0.01

5. 例行分析和仲裁分析

依据分析目的的不同，可将分析化学分为例行分析和仲裁分析。化验室日常进行的分析称为例行分析，又叫常规分析。在不同单位对分析结果有争议时，要求权威部门用指定的方法进行准确的分析，以判断原分析结果的可靠性时，这种分析称为仲裁分析。

知识点三　分析化学发展简史与发展趋势

分析化学有着悠久的历史，它对化学的发展起到非常重要的作用。它在元素的发现、原子质量的测定、定比定理、倍比定理等许多化学基本定律及理论的确立，矿产资源的勘察利用等方面，都做出过巨大的贡献。

由于现代科学技术的发展，尤其是相关学科之间相互渗透、相互促进，分析化学的发展经历过三次巨大的变革。第一次变革起始于 20 世纪初，由于物理化学中的溶液化学平衡理论、动力学理论、缓冲作用原理等的发展为分析化学奠定了理论基础，建立了溶液中的酸碱、氧化、配位、沉淀四大平衡，使得分析化学由一门技术转变为一门科学。第二次变革发生在 20 世纪的 40 年代，物理学和电子学的发展，促进了各种仪器分析方法的发展，使得分析化学从以化学反应为主到以物质的物理化学性质进行检测的仪器分析为主。

自从 20 世纪 70 年代末起，随着计算机科学的发展，为了满足生命科学、环境科学、新材料科学等领域发展的需要，分析化学广泛吸收并应用了当化科学技术的最新成就，促使了分析化学的第三次变革。当今分析化学面临精准获取物质组成、分布、结构与性质的时空变化规律的任务，分析化学在单原子、活体、生物大分子结构和功能分析方面都面临挑战，随着科学和技术的发展，分析化学必将发挥越来越重要的作用。

思考题和习题解答

思考题

1. 分析化学的分类方法有哪些，分别是什么？

答　分析化学根据方法原理、分析对象、分析任务、操作方式和具体要求的不同，可分为：(1) 化学分析法和仪器分析法；(2) 定性分析、定量分析和结构分析；(3) 无机分析和有机分析；(4) 常量分析、微量分析和痕量分析；(5) 例行分析和仲裁分析。

2. 分析化学的作用有哪些？

答　略。

3. 分析化学的发展趋势是什么？

答　略。

习　题

一、选择题

1	2	3	4	5	6	7	8	9	10
C	D	C	B	A	C	C	D	B	C

第2章 >>>

化学分析法概述

滴定分析简单方便、准确度高，在常量分析中普遍采用。本章需要掌握滴定分析方法的概念、基本术语、分类和滴定对反应的要求；重点掌握基准物质的概念、常用的基准物质以及标准溶液的概念和配制、表示方法；能正确进行滴定计算。

知识点总结

知识点一　定量分析过程

定量分析过程通常包括取样、试样的分解、测定、计算分析结果及对测定结果做出评价几个步骤。

知识点二　滴　定　分　析

将一种已知准确浓度的试剂溶液滴加到待测物质的溶液中，直到所滴加的试剂与待测物质按化学计量关系定量反应为止，然后根据试剂溶液的浓度和体积，通过定量关系计算待测物质含量的方法叫滴定分析（容量分析）。

1. 基本概念

① 滴定：将滴定剂通过滴管滴入待测溶液中的过程。

② 标准溶液：已知准确浓度的用于滴定分析的溶液。

③ 滴定剂：用于滴定的溶液。

④ 化学计量点：滴定剂（标准溶液）与待测物质按化学计量关系恰好完全反应的那一点，简称计量点（理论值）。

⑤ 指示剂：能在计量点附近发生颜色变化的试剂。

⑥ 滴定终点：滴定分析中指示剂发生颜色改变的那一点（实测值）。

⑦ 终点误差（滴定误差）：滴定终点与化学计量点不一致，即理论值和实测值不一致造成的误差。

2. 分类

滴定分析法可分为酸碱滴定、配位滴定、沉淀滴定和氧化还原滴定。大多数滴定都是在水溶液中进行的，若在水以外的溶剂中进行，称为非水滴定法。

3. 特点

滴定分析的特点为仪器简单，操作简便、快速，应用广泛，用于常量分析，准确度高，相对误差为±0.2%。

知识点三　滴定反应条件和滴定方式

1. 滴定反应条件

① 有确定的化学计量关系。

② 反应定量完成。

③ 反应速率要快。

④ 有适当的方法确定滴定终点。

2. 滴定方式

① 直接滴定法：用标准溶液直接滴定被测物质溶液的方法。例如用基准物质 $KHC_8H_4O_4$ 标定 NaOH，反应为：

$$NaOH + KHC_8H_4O_4 = NaKC_8H_4O_4 + H_2O$$

② 返滴定法（剩余滴定法）：先准确加入过量的标准溶液，待与被测物完全反应后，再用另外一种标准溶液滴定剩余的标准溶液的方法。如碳酸钙的测定，首先加过量 HCl，反应为：

$$CaCO_3 + 2HCl = CO_2 \uparrow + H_2O + CaCl_2$$

再用 NaOH 滴定剩余 HCl，反应为：

$$NaOH + HCl = NaCl + H_2O$$

③ 置换滴定法：先用适当试剂与待测物质反应，定量置换出另一种物质，再用标准溶液去滴定该物质的方法。如在 Cu^{2+} 溶液中先加入过量的 KI 溶液置换出分子 I_2，反应为：

$$2Cu^{2+} + 4I^- = 2CuI \downarrow + I_2$$

再用 $Na_2S_2O_3$ 标准溶液滴定置换出的 I_2，最后通过化学计量关系算出 Cu^{2+} 溶液中 Cu^{2+} 的含量。

$$I_2 + 2S_2O_3^{2-} = 2I^- + S_4O_6^{2-}$$

④ 间接滴定法：将被测物通过一定的化学反应转化为另一种物质，再用滴定剂滴定的方法。如测定血液中的 Ca 时，常常将 Ca^{2+} 沉淀为 CaC_2O_4，然后将沉淀溶于 H_2SO_4，再用 $KMnO_4$ 标准溶液滴定 $H_2C_2O_4$。测定过程有关的反应为：

$$Ca^{2+} + C_2O_4^{2-} = CaC_2O_4 \downarrow$$
$$CaC_2O_4 + 2H^+ = Ca^{2+} + H_2C_2O_4$$
$$2MnO_4^- + 5H_2C_2O_4 + 6H^+ = 2Mn^{2+} + 10CO_2 \uparrow + 8H_2O$$

知识点四　基准物质与标准溶液

1. 基准物质

能用于直接配制或标定标准溶液的物质称为基准物质，应具备下列条件：

① 物质的组成应与化学式相符；

② 纯度高，一般应在99.9%以上；

③ 稳定；

④ 在以上条件具备时，摩尔质量大一些，相对误差较小。

常用的基准物质见表2-1。

表2-1　常用的基准物质

滴定方法	常用的基准物质
酸碱滴定法	邻苯二甲酸氢钾（$KHC_8H_4O_4$），草酸（$H_2C_2O_4 \cdot 2H_2O$），Na_2CO_3 和硼砂（$Na_2B_4O_7 \cdot 10H_2O$）
配位滴定法	Cu、Zn、Pb 等纯金属，$CaCO_3$、MgO
沉淀滴定法（银量法）	NaCl 和 KCl
氧化还原滴定法	$K_2Cr_2O_7$、As_2O_3、$Na_2C_2O_4$ 和 Cu、Fe 等纯金属

2. 标准溶液的配制与标定

已知准确浓度的用于滴定分析的溶液称为标准溶液。

① 直接法：准确称取一定量的基准物质，溶解，转移到容量瓶中，稀释至刻度。根据基准物质的质量和容量瓶的体积算出标准溶液的准确浓度。

② 间接法（标定法）：先配制成一种近似于所需浓度的溶液，再利用基准物质或另一标准溶液来确定该溶液的准确浓度。

3. 标准溶液浓度的表示方法

① 物质的量浓度　单位体积溶液所含溶质的物质的量：

$$c_B = \frac{n_B(\text{mol})}{V(\text{L})}$$

常用单位为 $\text{mol} \cdot \text{L}^{-1}$ 或 $\text{mmol} \cdot \text{L}^{-1}$。

② 滴定度　$T_{A/B}$ 指每毫升滴定剂溶液相当于待测物的质量（A 指滴定剂，B 指待测物）：

$$T_{A/B} = \frac{m_B(\text{g})}{V_A(\text{mL})}$$

单位为 $\text{g} \cdot \text{mL}^{-1}$。

浓度 c 与滴定度 T 的换算：

$$a\text{A} \quad + \quad b\text{B} =\!\!= c\text{C} \quad + \quad d\text{D}$$

滴定剂　　被测物

化学计量关系：$n_B = \dfrac{b}{a} n_A$

变换得：
$$T_{A/B} = \frac{b}{a} c_A M_B \times 10^{-3} \tag{2-1}$$

知识点五　滴定分析中的计算

1. 物质的量

$$n_B(\text{mol}) = \frac{m_B(\text{g})}{M_B(\text{g} \cdot \text{mol}^{-1})} \tag{2-2}$$

2. 物质的量浓度

$$c_B = \frac{n_B(\text{mol})}{V(\text{L})} \tag{2-3}$$

单位为 $\text{mol} \cdot \text{L}^{-1}$ 或 $\text{mmol} \cdot \text{L}^{-1}$。

3. 化学反应计量关系

$$a\text{A} + b\text{B} = c\text{C} + d\text{D}$$

$$\frac{n_B}{n_A} = \frac{b}{a} \quad \text{或} \quad n_B = \frac{b}{a} n_A \tag{2-4}$$

4. 质量分数

$$w = \frac{m_B(\text{g})}{m_S(\text{g})} \tag{2-5}$$

单位为 ‰ 或 ‰。

5. 质量浓度

$$\rho_B = \frac{m_B(\text{g})}{V_S(\text{L})} \tag{2-6}$$

单位为 $\text{g} \cdot \text{L}^{-1}$ 或 $\text{mg} \cdot \text{L}^{-1}$，$\mu\text{g} \cdot \text{L}^{-1}$。

6. 被测物质含量的计算（注重化学计量关系）

被测组分的含量是指被测组分（m_A）占样品质量（S）的百分比。

思考题和习题解答

━━━━━ **思考题** ━━━━━

1. 定量分析过程一般包括哪些步骤？试样为什么要有代表性？

答 定量分析过程通常包括取样、试样的分解、测定、计算分析结果及对测定结果作出评价几个步骤。试样具有代表性才能准确、真实反映测量值。

2. 已标定的 NaOH 溶液，放置较长时间后，浓度是否有变化？为什么？

答 有变化，因为 NaOH 在空气中能吸收水和 CO_2。

3. 表示标准溶液浓度的方法有几种？各有何优缺点？

答 常用的表示标准溶液浓度的方法有物质的量浓度和滴定度两种。

（1）物质的量浓度（简称浓度）是指单位体积溶液所含溶质的物质的量，即 $c = \frac{n}{V}$。在使用浓度时，必须指明基本单元。

（2）滴定度是指与每毫升标准溶液相当的被测组分的质量，用 $T_{\text{滴定剂/被测物}}$ 表示，特别适用于对大批试样测定其中同一组分的含量。

4. 基准物质应符合哪些要求？标定碱标准溶液时，邻苯二甲酸氢钾（$M_{\text{KHC}_8\text{H}_4\text{O}_4} = 204.22\text{g} \cdot \text{mol}^{-1}$）和二水合草酸（$M_{\text{H}_2\text{C}_2\text{O}_4 \cdot 2\text{H}_2\text{O}} = 126.07\text{g} \cdot \text{mol}^{-1}$）都可以作为基准物质，你认为选择哪一种更好？为什么？

答 物质的组成应与化学式相符；纯度高，一般应在 99.9% 以上；稳定；在以上条件具备时，摩尔质量越大，相对误差越小。

邻苯二甲酸氢钾（$KHC_8H_4O_4$）更好，因为邻苯二甲酸氢钾摩尔质量更大一些，这样可减少称量误差。

5. 简述配制标准溶液的两种方法。下列物质中哪些可用直接法配制？哪些只能用间接法配制？$NaOH$，H_2SO_4，HCl，$KMnO_4$，$K_2Cr_2O_7$，$AgNO_3$，$NaCl$，$Na_2S_2O_3$。

答 标准溶液配制方法有两种：（1）直接法，准确称取一定量的基准物质，溶解后定量稀释至一定体积；（2）标定法，先称取一定量试剂配成接近所需浓度的溶液，然后用基准物质测定它的准确浓度。

可用直接法配制的有：$K_2Cr_2O_7$，$NaCl$；可用间接法配制的有：$NaOH$，H_2SO_4，HCl，$KMnO_4$，$AgNO_3$，$Na_2S_2O_3$。

6. 置换滴定和间接滴定两种方式有什么区别？

答 采用间接滴定法是因为某些待测组分不能直接与滴定剂反应，但可通过其他的化学反应，间接测定其含量。例如，溶液中 Ca^{2+} 几乎不发生氧化还原的反应，但利用它与 $C_2O_4^{2-}$ 作用形成 CaC_2O_4 沉淀，过滤洗净后，加入 H_2SO_4 使其溶解，用 $KMnO_4$ 标准滴定溶液滴定 $C_2O_4^{2-}$，就可间接测定 Ca^{2+} 含量。

置换滴定法是先加入适当的试剂与待测组分定量反应，生成另一种可滴定的物质，再利用标准溶液滴定反应产物，然后由滴定剂的消耗量，反应生成的物质与待测组分等物质的量的关系计算出待测组分的含量。这种滴定方式主要用于因滴定反应没有定量关系或伴有副反应而无法直接滴定的测定。例如，用 $K_2Cr_2O_7$ 标定 $Na_2S_2O_3$ 溶液的浓度时，就是以一定量的 $K_2Cr_2O_7$ 在酸性溶液中与过量的 KI 反应，析出相当量的 I_2，以淀粉为指示剂，用 $Na_2S_2O_3$ 溶液滴定析出的 I_2，进而求得 $Na_2S_2O_3$ 溶液的浓度。

7. 基准物条件之一是要具有较大的摩尔质量，对这个条件如何理解？

答 作为基准物，除了必须满足以直接法配制标准溶液的物质应具备的三个条件外，最好还应具备较大的摩尔质量，这主要是为了降低称量误差，提高分析结果的准确度。

━━━━ **习 题** ━━━━

一、选择题

1	2	3	4	5	6	7
D	A	C	D	C	B	B

二、填空题

1. 酸碱滴定法，配位滴定法，沉淀滴定法，氧化还原滴定法。2. 0.01988mol·L^{-1}。

3. 0.2018mol·L^{-1}。4. 毫升 $NaOH$ 溶液，g HCl。5. $K_2Cr_2O_7$、$Na_2C_2O_4$。

6. 偏高，偏低，$Na_2B_4O_7·10H_2O$，$Na_2B_4O_7·10H_2O$ 摩尔质量更大一些。

7. 具有准确浓度，直接法，标定法。

三、判断题

1	2	3
×	×	×

四、计算题

1. 已知浓 HCl 的密度为 $1.19g \cdot mL^{-1}$，其中含 HCl 约 37%，求其浓度。如欲配制 1L 浓度为 $0.1mol \cdot L^{-1}$ 的 HCl 溶液，应取这种浓 HCl 溶液多少毫升？

解 1L 浓 HCl 的质量为 $1000 \times 1.19 = 1190(g)$，其中含 HCl $1000 \times 1.19 \times 37\% = 440.3(g)$，HCl 的摩尔质量为 $36.46g \cdot mol^{-1}$。

$$\text{浓盐酸的物质的量浓度 } c = \frac{440.3}{36.46 \times 1} = 12.1(mol \cdot L^{-1})$$

根据溶液的稀释公式 $\qquad\qquad c_1 V_1 = c_2 V_2$

代入：$12.1 \times V_1 = 0.1 \times 1$

得：$V_1 = 8.3mL$

2. 选用邻苯二甲酸氢钾（$KHC_8H_4O_4$）作基准物，标定 $0.20mol \cdot L^{-1}$ NaOH 溶液浓度。欲把用去的 NaOH 溶液体积控制为 25mL 左右，应称基准物多少克（$M_{KHC_8H_4O_4} = 204.22g \cdot mol^{-1}$）？

解 反应式为：

$$NaOH + KHC_8H_4O_4 = NaKC_8H_4O_4 + H_2O$$

$$c_{NaOH} V_{NaOH} = \frac{m_{KHC_8H_4O_4}}{M_{KHC_8H_4O_4}}$$

$$m_{KHC_8H_4O_4} = c_{NaOH} V_{NaOH} M_{KHC_8H_4O_4}$$
$$= 0.20 \times 25 \times 204.22 \times 10^{-3}$$
$$= 1.0(g)$$

3. 滴定 21.40mL $Ba(OH)_2$ 溶液需要 $0.1266mol \cdot L^{-1}$ HCl 溶液 20.00mL。再以此 $Ba(OH)_2$ 溶液滴定 25.00mL 未知浓度 HAc 溶液，消耗 $Ba(OH)_2$ 溶液 22.55mL，求 HAc 溶液的浓度。

解 滴定反应为：$\qquad Ba(OH)_2 + 2HCl = BaCl_2 + 2H_2O$

则：$\qquad\qquad 2c_{Ba(OH)_2} V_{Ba(OH)_2} = c_{HCl} V_{HCl}$

$$c_{Ba(OH)_2} = \frac{c_{HCl} V_{HCl}}{2V_{Ba(OH)_2}} = \frac{0.1266 \times 20.00}{2 \times 21.40} = 0.05916(mol \cdot L^{-1})$$

滴定反应：$\qquad Ba(OH)_2 + 2HAc = Ba(Ac)_2 + 2H_2O$

则：$\qquad\qquad 2c_{Ba(OH)_2} V_{Ba(OH)_2} = c_{HAc} V_{HAc}$

故：$\qquad c_{HAc} = \frac{2c_{Ba(OH)_2} V_{Ba(OH)_2}}{V_{HAc}} = \frac{2 \times 0.05916 \times 22.55}{25.00} = 0.1067(mol \cdot L^{-1})$

4. 30.00mL 某浓度的 $KMnO_4$ 溶液在酸性条件下恰能氧化一定量的 $KHC_2O_4 \cdot H_2O$（$M_{KHC_2O_4 \cdot H_2O} = 146.2g \cdot mol^{-1}$），用同样量的 $KHC_2O_4 \cdot H_2O$ 又恰能中和 25.00mL $0.2000mol \cdot L^{-1}$ KOH 溶液，求：（1）这种 $KMnO_4$ 溶液的物质的量浓度 c_{KMnO_4}；（2）$KMnO_4$ 溶液对铁（$M_{Fe} = 55.85$）的滴定度。

解 反应为：$\quad 2MnO_4^- + 5HC_2O_4^- + 11H^+ = 2Mn^{2+} + 10CO_2 \uparrow + 8H_2O$

$$HC_2O_4^- + OH^- = C_2O_4^{2-} + H_2O$$

化学计量关系为：$2KMnO_4 \sim 5KHC_2O_4 \cdot H_2O \sim 5KOH$

$$\frac{c_{KOH} V_{KOH}}{5} = \frac{c_{KMnO_4} V_{KMnO_4}}{2}$$

(1) $c_{KMnO_4} = \dfrac{2c_{KOH}V_{KOH}}{5V_{KMnO_4}} = \dfrac{2}{5} \times \dfrac{0.2000 \times 25.00}{30.00} = 0.06667(\text{mol} \cdot \text{L}^{-1})$

(2) $T_{KMnO_4/Fe} = \dfrac{5}{1}c_{KMnO_4} \times \dfrac{M_{Fe}}{1000} = \dfrac{5}{1} \times 0.06667 \times \dfrac{55.85}{1000} = 0.01862(\text{g} \cdot \text{mL}^{-1})$

5. 称取 0.5000g 石灰石试样，准确加入 50.00mL 0.2084mol·L^{-1} 的 HCl 标准溶液，并缓慢加热，$CaCO_3$ 与 HCl 作用完全后，再以 0.2108mol·L^{-1} NaOH 标准溶液回滴剩余的 HCl 溶液，结果消耗 NaOH 溶液 8.52mL，求试样中 $CaCO_3$ 的含量。

解 基本反应为：

$$CaCO_3 + 2HCl == CO_2 \uparrow + H_2O + CaCl_2$$

$$NaOH + HCl == NaCl + H_2O$$

化学计量关系：与 $CaCO_3$ 作用的 HCl 物质的量＝总的 HCl 物质的量－过量 HCl 物质的量，即 $c_{HCl}V_{HCl} - c_{NaOH}V_{NaOH}$。

$$\frac{m_{CaCO_3}}{M_{CaCO_3}} = \frac{1}{2}(c_{HCl}V_{HCl} - c_{NaOH}V_{NaOH})$$

$$w_{CaCO_3} = \frac{m_{CaCO_3}}{m_{试样}} \times 100\% = \frac{\dfrac{1}{2}(c_{HCl}V_{HCl} - c_{NaOH}V_{NaOH}) \times M_{CaCO_3}}{m_{CaCO_3}} \times 100\%$$

$$= \frac{\dfrac{1}{2} \times (50.00 \times 0.2084 - 0.2108 \times 8.52) \times 10^{-3} \times 100.1}{0.5000} \times 100\% = 86.33\%$$

6. 称取 2.200g $KHC_2O_4 \cdot H_2C_2O_4 \cdot H_2O$ 配制成 250.0mL 溶液（配大样），移取 25.00mL 此溶液用 NaOH 溶液滴定，消耗 24.00mL NaOH 溶液。然后再移取 25.00mL 此溶液，在酸性介质中用 $KMnO_4$ 溶液滴定，消耗 $KMnO_4$ 溶液 30.00mL。求：（1）NaOH 溶液浓度 c_{NaOH}；（2）$KMnO_4$ 溶液浓度 c_{KMnO_4}；（3）$KMnO_4$ 溶液对 Fe_2O_3 的滴定度。已知 $M_{KHC_2O_4 \cdot H_2C_2O_4 \cdot H_2O} = 254.19\text{g} \cdot \text{mol}^{-1}$；$M_{Fe_2O_3} = 159.69\text{g} \cdot \text{mol}^{-1}$。

解

(1) $c_{NaOH} = \dfrac{\dfrac{2.200}{254.19} \times 1000 \times 3 \times \dfrac{25.00}{250.00}}{24.00} = 0.1082(\text{mol} \cdot \text{L}^{-1})$

(2) $c_{KMnO_4} = \dfrac{\dfrac{2.200}{254.19} \times 1000 \times \dfrac{4}{5} \times \dfrac{25.00}{250.00}}{30.00} = 0.02308(\text{mol} \cdot \text{L}^{-1})$

(3) $T_{KMnO_4/Fe_2O_3} = \dfrac{c_{KMnO_4}}{2} \times \dfrac{5 \times 159.69}{1000} = \dfrac{0.02308}{2} \times \dfrac{5 \times 159.69}{1000} = 0.009214(\text{g} \cdot \text{mL}^{-1})$

7. 某试剂厂的试剂 $FeCl_3 \cdot 6H_2O$，根据国家标准 GB 1621—2008 规定其一级品含量不少于 96.0%，二级品含量不少于 92.0%。为了检查其质量，称取 0.5000g 试样，溶于水，加浓 HCl 溶液 3mL 和 KI 2g，最后用 18.17mL 0.1000mol·L^{-1} $Na_2S_2O_3$ 标准溶液滴定至终点。计算说明该试样符合哪级标准？

解 反应为：

$$2Fe^{3+} + 2I^- == 2Fe^{2+} + I_2$$

$$I_2 + 2S_2O_3^{2-} == 2I^- + S_4O_6^{2-}$$

化学计量关系为：
$$Fe^{3+} \sim \frac{1}{2}I_2 \sim Na_2S_2O_3$$

故试样中 $FeCl_3 \cdot 6H_2O$ 的含量为：

$$
\begin{aligned}
w_{FeCl_3 \cdot 6H_2O} &= \frac{m_{FeCl_3 \cdot 6H_2O}}{m_s} \times 100\% \\
&= \frac{c_{Na_2S_2O_3} V_{Na_2S_2O_3} M_{FeCl_3 \cdot 6H_2O}}{m_s} \times 100\% \\
&= \frac{0.1000 \times 18.17 \times 10^{-3} \times 270.30}{0.5000} \times 100\% \\
&= 98.23\%
\end{aligned}
$$

因为 $w_{FeCl_3 \cdot 6H_2O} = 98.23\% > 96.0\%$，所以该试样属于一级品。

8. 称取 0.1802g 石灰石试样溶于 HCl 溶液后，将钙沉淀为 CaC_2O_4。将沉淀过滤、洗涤后溶于稀 H_2SO_4 溶液中，用 $0.02016 mol \cdot L^{-1}$ $KMnO_4$ 标准溶液滴定至终点，用去 28.80mL $KMnO_4$ 标准溶液，求试样中的钙含量。

解 反应为：

$$Ca^{2+} \longrightarrow CaC_2O_4 \downarrow \quad (过滤 \rightarrow 洗涤 \rightarrow 酸解 \rightarrow \rightarrow KMnO_4 滴定)$$

$$CaC_2O_4 + 2H^+ == Ca^{2+} + H_2C_2O_4$$

$$2MnO_4^- + 5C_2O_4^{2-} + 16H^+ == 2Mn^{2+} + 10CO_2 \uparrow + 8H_2O$$

化学计量关系为：
$$5Ca^{2+} \sim 5CaC_2O_4 \sim 2KMnO_4$$

$$n_{Ca^{2+}} = n_{C_2O_4^{2-}} = \frac{5}{2}n_{MnO_4^-} = \frac{5}{2}c_{KMnO_4} V_{KMnO_4}$$

$$
\begin{aligned}
w_{Ca} &= \frac{\frac{5}{2}c_{KMnO_4} V_{KMnO_4} M_{Ca}}{m_s} \times 100\% \\
&= \frac{\frac{5}{2} \times 0.02016 \times 28.80 \times 40.08 \times 10^{-3}}{0.1802} \times 100\% = 32.28\%
\end{aligned}
$$

9. 定量移取 100mL 水样，用氨性缓冲溶液调节至 pH=10，以 EBT 为指示剂，用 EDTA 标准溶液（$0.008826 mol \cdot L^{-1}$）滴定至终点，共消耗 12.58mL EDTA 标准溶液，计算水的总硬度（按 $CaCO_3$ 计算）。如果再取 100mL 上述水样，用 NaOH 调节 pH=12.5，加入钙指示剂，用上述 EDTA 标准溶液滴定至终点，消耗 10.11mL EDTA 标准溶液，试分别求出水样中 Ca^{2+} 和 Mg^{2+} 的含量。

解
$$\rho_{总硬度} = \frac{0.008826 \times 12.58 \times 100.1}{100/1000} = 111.0 (mg \cdot L^{-1})$$

$$\rho_{Ca} = \frac{0.008826 \times 10.11 \times 40.078}{100/1000} = 35.76 (mg \cdot L^{-1})$$

$$\rho_{Mg} = \frac{0.008826 \times (12.58 - 10.11) \times 24.305}{100/1000} = 5.299 (mg \cdot L^{-1})$$

第3章 ▶▶▶

分析化学中的误差和数据处理

掌握误差（系统误差和偶然误差）、准确度、精密度的概念，以及误差产生原因、传递及减免方法；初步了解统计学的基本概念，掌握有限次实验数据的统计处理；掌握有效数字概念及运算规则。

知识点总结

知识点一　准确度与误差，精密度与偏差

1. 真实值与测量值

真实值即真值（x_T），是指某一物理量本身具有的客观存在的真实数值。真实值是一个可以无限接近而不可达到的真实存在的理论值。由于任何测量都存在误差，而实际测量不可能得到真值，一般说的真值是指理论真值、约定真值、相对真值。

测量值（x）是指通过一定的实验方法，由特定技术人员，通过一定的仪器测得的某物理量的值。

2. 准确度与误差

（1）准确度

准确度指测量值与真实值的接近程度，反映了测量的正确性，测量值和真实值越接近，准确度越高。系统误差影响分析结果的准确度。

（2）误差

准确度的高低可用误差来表示。误差可以用绝对误差（E_a）和相对误差（relative error，E_r）两种方法表示。

① 绝对误差是测量值（x）与真实值（x_T）之间的差值，即：

$$E_a = x - x_T \tag{3-1}$$

② 相对误差（relative error）是指绝对误差相对于真实值的百分率，表示为：

$$E_r = \frac{E_a}{x_T} \times 100\% = \frac{x - x_T}{x_T} \times 100\% \tag{3-2}$$

3. 精密度与偏差

（1）精密度

精密度是指平行测量值之间的相互符合程度，反映了测量的重现性。平行测量值越接近，精密度越高。偶然误差影响分析结果的精密度。

（2）偏差

精密度的高低可用偏差来表示。偏差的表示方法有：

① 绝对偏差　单次测量值与平均值之差：

$$d_i = x_i - \overline{x} \tag{3-3}$$

② 平均偏差　绝对偏差绝对值的平均值：

$$\overline{d} = \frac{1}{n} \sum_{i=1}^{n} |d_i| = \frac{1}{n} \sum_{i=1}^{n} |x_i - \overline{x}| \tag{3-4}$$

③ 相对平均偏差　平均偏差占平均值的百分比：

$$\overline{d_r} = \frac{\overline{d}}{\overline{x}} \times 100\% \tag{3-5}$$

④ 标准偏差

$$s = \sqrt{\frac{\sum\limits_{i=1}^{n} (x_i - \overline{x})^2}{n-1}} \tag{3-6}$$

⑤ 相对标准偏差（RSD，又称变异系数 CV）

$$s_r = \frac{s}{\overline{x}} \times 100\% \tag{3-7}$$

⑥ 全距（R）　亦称极差，表示为：

$$R = x_{max} - x_{min} \tag{3-8}$$

4. 准确度与精密度的关系

精密度是保证准确度的先决条件。精密度高的测定结果，其准确度不一定高，可能存在系统误差；精密度低的测定结果不可靠，考虑其准确度没有意义。

知识点二　误差的分类和传递

定量分析中的误差就其来源和性质的不同，可分为系统误差、偶然误差。

1. 系统误差

（1）定义

由于测定过程中某些确定原因所造成的误差叫系统误差。系统误差只影响测量的准确度，不影响精密度。

（2）特点

系统误差的特点包括：①恒定性；②重现性；③单向性；④可测性（大小成比例或基本恒定）。

（3）分类

① 方法误差：由不适当的实验设计或所选方法不恰当所引起。

② 仪器误差：由仪器未经校准或有缺陷等因素所引起。

③ 试剂误差：由试剂变质失效或杂质超标等因素所引起。

④ 操作误差：由分析者的习惯性操作与正确操作有一定差异所引起。

注意：操作误差与操作过失引起的误差是不同的。

2. 偶然误差

偶然误差亦称随机误差，它是由某些难以控制的偶然原因所引起的。随机误差影响测定精密度，随机误差具有以下特点：

① 不恒定，大小正负难以预测，无法校正；

② 服从正态分布规律；

③ 大小相近的正误差和负误差出现的概率相等；

④ 小误差出现的概率较大，大误差出现的概率较小，特大误差出现的概率更小。

3. 过失误差

在测定过程中，由于操作者粗心大意或不按操作规程进行操作而造成的测定过程中溶液的溅失、加错试剂、看错刻度、记录错误，以及仪器测量参数设置错误等不应有的失误，则称为过失误差。

过失误差会对计量或测定结果带来严重影响，必须注意避免。一旦在操作中有过失，那么所得的测量结果应弃去，以保证原数据的可靠性。

4. 误差的传递

误差的传递分为系统误差的传递和偶然误差的传递。

(1) 系统误差的传递

① 和、差的绝对误差等于各测量值绝对误差与相应系数之积的代数和。

若：
$$R = mA + nB - pC$$

则：
$$E_R = mE_A + nE_B - pE_C \tag{3-9}$$

式中，m、n、p 为系数。

② 积、商的相对误差等于各测量值相对误差的代数和，与系数 m 无关。

若：
$$R = m\frac{AB}{C}$$

则：
$$\frac{E_R}{R} = \frac{E_A}{A} + \frac{E_B}{B} - \frac{E_C}{C} \tag{3-10}$$

③ 指数关系：分析结果的相对误差为测量值的相对误差的指数（n）倍。

若：
$$R = mA^n$$

则：
$$\frac{E_R}{R} = n\frac{E_A}{A} \tag{3-11}$$

④ 对数关系：分析结果的绝对误差为测量值相对误差的 $0.434m$ 倍。

若：
$$R = m\lg A$$

则：
$$E_R = 0.434m\frac{E_A}{A} \tag{3-12}$$

(2) 偶然误差的传递

① 和、差分析结果的方差（标准偏差）为各测量值方差与相应系数的平方之积的和。

若：
$$R = mA + nB - pC$$

则：
$$s_R^2 = m^2 s_A^2 + n^2 s_B^2 + p^2 s_C^2 \tag{3-13}$$

② 积、商结果的相对标准偏差的平方，是各量值相对标准偏差的平方之和，而与系数无关。

若：
$$R = mAB/C$$

则：
$$\left(\frac{s_R}{R}\right)^2 = \left(\frac{s_A}{A}\right)^2 + \left(\frac{s_B}{B}\right)^2 + \left(\frac{s_C}{C}\right)^2 \tag{3-14}$$

③ 指数关系：分析结果的相对标准偏差为测量相对标准偏差的 n 倍。

若：
$$R = mA^n$$

则：
$$\left(\frac{s_R}{R}\right)^2 = n^2\left(\frac{s_A}{A}\right)^2 \quad \text{或} \quad \frac{s_R}{R} = n\frac{s_A}{A} \tag{3-15}$$

④ 对数关系：分析结果的标准偏差为测量值相对标准偏差的 $0.434m$ 倍。

若：
$$R = m\lg A$$

则：
$$s_R^2 = (0.434m)^2\left(\frac{s_A}{A}\right)^2 \quad \text{或} \quad s_R = 0.434m\frac{s_A}{A} \tag{3-16}$$

（3）极值误差

在分析化学中，通常用一种简便的方法来估计分析结果可能出现的最大误差，即考虑在最不利的情况下，各步骤带来的误差互相累加在一起，这种误差称为极值误差。当然，这种情况出现的概率很小，但是，用这种方法来粗略估计可能出现的最大误差，在实际上仍是有用的。

如果分析结果 R 是 A、B、C 三个测量数值相加减的结果，例如：
$$R = mA + nB - pC$$

则极值误差为：
$$|E_R| = |mE_A| + |nE_B| + |pE_C| \tag{3-17}$$

若分析结果 R 是 A、B、C 三个测量值相乘除的结果，例如：
$$R = m\frac{AB}{C}$$

则极值相对误差为：
$$\left|\frac{E_R}{R}\right| = \left|\frac{E_A}{A}\right| + \left|\frac{E_B}{B}\right| + \left|\frac{E_C}{C}\right| \tag{3-18}$$

知识点三　有效数字及其运算法则

1. 有效数字

（1）定义

有效数字为实际能测到的数字。有效数字的位数和分析过程所用的测量仪器的准确度有关。

有效数字＝准确数字＋最后一位欠准的数(±1)

有效数字位数是指从第一位非零的数字开始，到最后一位数字为止，在数字中间和最后的零都算在内。如滴定管读数 25.47mL，为 4 位有效数字。称量质量为 6.1498g，为 5 位有效数字。

（2）0 的作用

0 作为有效数字使用或作为定位的标志。数字 0 在数据中具有双重作用，若作为普通数字使用，0 是有效数字如 0.3180 是 4 位有效数字；若只起定位作用，0 不是有效数字。如 0.0318 是 3 位有效数字。

（3）有效数字位数的规定

① 一个量值只能保留一位不确定的数字，在记录测量值时必须计一位不确定的数字，且只能计一位。

② 数字 0～9 都是有效数字。

③ 单位变换不影响有效数字的位数。例如 19.02mL 变为 19.02×10^{-3}L 时，都是 4 位有效数字。

④ 在分析化学计算中，常遇到分数、倍数关系。这些数据都是自然数而不是测量所得到的，因此它们的有效数字位数可以认为没有限制，需要几位就可以视为几位。

⑤ 分析中常用到的 pH、pM、lgK 等对数值的有效数字位数取决于小数部分（尾数）数字的位数，因整数部分（首数）只代表该数的方次。例如，pH＝12.22 有效数字的位数为 2 位，换算为 $[H^+]=6.0 \times 10^{-13} \text{mol} \cdot L^{-1}$，有效数字的位数仍为 2 位，而不是 4 位。

⑥ 若有效数字的首位为 8 或 9，则该数的有效数字位数可多计一位。如"9.26"的有效数字位数可认为是 4 位。

⑦ 科学记数法表示的数的有效数字位数取决于前面的数字的有效数字的位数。例如，6.0×10^3 是 2 位有效数字。数字后的 0 含义不清楚时，最好用指数形式表示。如 1000 表示为 1.0×10^3、1.00×10^3、1.000×10^3 的有效数字位数分别为 2、3、4，如记为 1000，则有效数字位数不明确。

⑧ 对于分析结果的有效数字保留问题，高组分含量（＞10%）的测定，一般要求 4 位有效数字；组分含量为 1%～10%的测定一般要求 3 位有效数字；组分含量小于 1%，取 2 位有效数字。

⑨ 分析中各类误差通常取 1～2 位有效数字。表示误差时，取一位有效数字已足够，最多取两位。例如 1.2%，0.12%，0.012%，0.0012%。

2. 有效数字的修约规则

① 基本规则　四舍六入五成双：当尾数≤4 时则舍，尾数≥6 时则入；尾数等于 5 而后面的数都为 0 时，5 前面为偶数则舍，5 前面为奇数则入；尾数等于 5 而后面还有不为 0 的任何数字，无论 5 前面是奇或是偶都入。

② 一次修约到位，不能分次修约。例如修约为 3 位有效数字：

错误修约为 4.1349→4.135→4.14；正确修约为 4.1349→4.13。

③ 在修约相对误差、相对平均偏差、相对标准偏差等表示准确度和精密度的数字时，一般取 1～2 位有效数字，只要尾数不为零，都可先多保留一位有效数字，从而提高可信度。

3. 有效数字的运算法则

有效数字在运算时先计算，后修约。

① 加减法：以小数点后位数最少的数为准（即以绝对误差最大的数为准）。

② 乘除法：以有效数字位数最少的数为准（即以相对误差最大的数为准）。

③ 在进行乘方、开方运算和对数换算时，结果的有效数字位数不变。

知识点四　分析数据的统计处理

1. 偶然误差的正态分布

（1）正态分布

偶然误差符合正态分布，正态分布的概率密度函数式为：

$$y = f(x) = \frac{1}{\sigma\sqrt{2\pi}} e^{-(x-\mu)^2/2\sigma^2} \tag{3-19}$$

两组精密度不同的测量值的正态分布曲线见图 3-1。

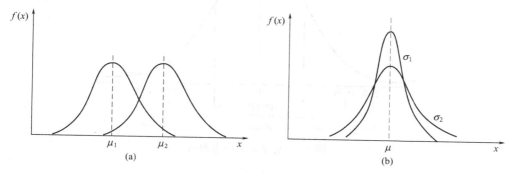

图 3-1 两组精密度不同的测量值的正态分布曲线

(a) σ 相同，μ 不同，且 $\mu_2 > \mu_1$；(b) μ 相同，σ 不同，且 $\sigma_1 < \sigma_2$

正态分布的两个重要参数：

① μ 为无限次测量的总体均值，表示无限个数据的集中趋势（无系统误差时即为真值）。

② σ 是总体标准偏差，表示数据的离散程度。

正态分布特点：

① $x = \mu$ 时，y 最大。

② 曲线以 $x = \mu$ 的直线为对称轴。

③ 当 $x \rightarrow -\infty$ 或 $+\infty$ 时，曲线以 x 轴为渐近线。

④ σ 增大，y 减小，数据分散，曲线趋于平坦；σ 减小，y 增大，数据集中，曲线变得尖锐。

⑤ 测量值都落在 $-\infty \sim +\infty$，总概率为 1。

（2）标准正态分布和概率

为了计算和使用方便，进行变量代换，令 $u = \dfrac{x-\mu}{\sigma}$，则式（3-19）变为：

$$y = f(x) = \frac{1}{\sigma\sqrt{2\pi}} e^{-u^2/2}$$

又：$du = \dfrac{dx}{\sigma}$

变形得：

$$dx = \sigma du$$

所以：

$$f(x)dx = \frac{1}{\sqrt{2\pi}} e^{-u^2/2} du = \varphi(u)du$$

故：

$$y = \varphi(u) = \frac{1}{\sqrt{2\pi}} e^{-u^2/2} \tag{3-20}$$

以 u 为变量的概率密度函数表示的正态分布曲线称为标准正态分布曲线（u 分布）（图 3-2），此曲线的形状与 σ 大小无关。

2. t 分布曲线

在 t 分布曲线中，纵坐标仍为概率密度，横坐标是用统计量 t 代替 u。t 定义为：

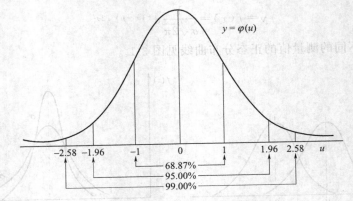

图 3-2 标准正态分布曲线

$$t = \frac{\overline{x} - \mu}{s} \quad 或 \quad t = \frac{\overline{x} - \mu}{s_{\overline{x}}} \tag{3-21}$$

t 分布曲线（图 3-3）随自由度 $f(f = n - 1)$ 变化，当 $n \to \infty$ 时，t 分布曲线即是正态分布。

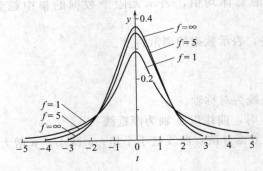

图 3-3 t 分布曲线 $(f = 1, 5, \infty)$

3. 平均值的精密度和置信区间

（1）平均值的精密度

平均值的标准偏差 $s_{\overline{x}}$ 与样本的标准偏差（即单次测量值的标准偏差）s 的关系：

$$s_{\overline{x}} = \frac{s}{\sqrt{n}} \tag{3-22}$$

平均值的标准偏差与测定次数的平方根成反比（图 3-4），这说明平均值的精密度会随着测定次数的增加而提高，可帮助选择测定次数。

（2）平均值的置信区间

以 x 为中心，在一定置信度下，估计 μ 值所在的范围 $(x \pm ts)$，称为单次测量值的置信区间：

$$\mu = x \pm ts \tag{3-23}$$

以 $\overline{x}$ 为中心，在一定置信度下，估计 μ 值所在的范围 $(\overline{x} \pm ts_{\overline{x}})$ 称为平均值的置信区间：

$$\mu = \overline{x} \pm ts_{\overline{x}} = \overline{x} \pm t \frac{s}{\sqrt{n}} \tag{3-24}$$

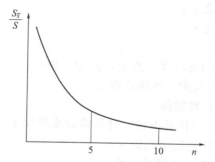

图 3-4　平均值的精密度与测量次数的关系

① 置信度越大且置信区间越小时，数据就越可靠；
② 置信度一定时，减小偏差、增加测量次数可以减小置信区间；
③ 在标准偏差和测量次数一定时，置信度越大，置信区间就越大。

4. 分析结果的报告

报道分析结果时，要体现出数据的集中趋势和分散情况，一般只需报告测量次数 n、平均值 $\bar{x}$（表示集中趋势）和标准偏差 s（表示分散性），就可进一步对总体平均值可能存在的区间做出估计。

知识点五　可疑值（离群值）的取舍

重复多次测试时，常会发现某一数据与平均值的偏差大于其他所有数据，这在统计学上称为离群值或异常值。离群值的取舍问题，实质上就是在不知情的情况下，区别两种性质不同的偶然误差和过失误差。

1. $4\bar{d}$ 法

对于少量实验数据，在统计分析中用 s 代替了 σ，用 $\bar{d}$ 代替了 δ，由上面处理无限数据可粗略地认为，偏差大于 $4\bar{d}$ 的个别测量值可以舍弃。

需要指出，用 $4\bar{d}$ 法判断可疑值取舍时存在较大误差，但由于其具有方法简单、不需查表的优点，至今仍为人们所采用。此外，当 $4\bar{d}$ 法与其他检验方法判断的结果发生矛盾时，应以其他方法为准。

采用 $4\bar{d}$ 法判断可疑值取舍的步骤是：先求出除可疑值以外的其余数据的平均值 $\bar{x}$ 和平均偏差 $\bar{d}$，然后将可疑值与平均值进行比较，若其差的绝对值大于 $4\bar{d}$，则可疑值舍去，否则应保留。

2. Q 检验法

Q 检验法计算简单，但有时大太准确。设有 n 个数据，其递增的顺序为 x_1，x_2，…，x_{n-1}，x_n，其中 x_1 或 x_n 可能为离群值。

当测量数据不多（$n=3\sim10$）时，其 Q 的定义为：

$$Q=\frac{x_n-x_{n-1}}{x_n-x_1} \quad 或 \quad Q=\frac{x_2-x_1}{x_n-x_1} \tag{3-25}$$

Q 检验法的具体检验步骤是：
① 将各数据按递增顺序排列；

② 计算最大值与最小值之差；

③ 计算离群值与相邻值之差；

④ 计算 Q 值；

⑤ 根据测定次数和要求的置信度，查表得到 $Q_表$ 值；

⑥ 若 $Q > Q_表$，则舍去可疑值，否则应保留。

3. 格鲁布斯法（Grubbs）检验法

格鲁布斯法计算较复杂，但比较准确，具体检验步骤如下。

① 计算包括离群值在内的测定平均值 $\bar{x}$；

② 计算离群值与平均值 $\bar{x}$ 之差的绝对值；

③ 计算包括离群值在内的标准偏差 s；

④ 计算 T 值。若 x_1 为可疑值，$T = \dfrac{\bar{x} - x_1}{s}$；若 x_n 为可疑值，则

$$T = \frac{x_n - \bar{x}}{s} \tag{3-26}$$

⑤ 若 $T > T_{\alpha, n}$，则应舍去该可疑值，反之予以保留。

知识点六 显著性检验

在分析工作中常碰到两种情况：①用两种不同的方法对样品进行分析，判断分析结果是否存在显著性差异；②不同的人或不同单位，用相同的方法对试样进行分析，判断分析结果是否存在显著性差异。这要用统计方法加以检验。

1. F 检验

F 检验是比较两组数据的方差（s^2），确定它们的精密度是否存在显著性差异，用于判断两组数据间存在的偶然误差是否显著不同。

具体检验步骤如下：

① 计算两组数据方差的比值 F

$$F = \frac{s_大^2}{s_小^2} \tag{3-27}$$

② 查单侧临界临界值 F_{α, f_1, f_2} 比较判断

若 $F < F_{\alpha, f_1, f_2}$，两组数据的精密度不存在显著性差别，s_1 与 s_2 相当。

若 $F > F_{\alpha, f_1, f_2}$，两组数据的精密度存在显著性差别，s_2 明显优于 s_1。

2. t 检验

t 检验是将平均值与标准值或两个平均值之间进行比较，以确定它们的准确度是否存在显著性差异，用来判断分析方法或操作过程中是否存在较大的系统误差。

（1）平均值与标准值（真值）比较

平均值与标准值比较的检验步骤为：

计算统计量

$$t = \frac{|\bar{x} - \mu|}{s} \sqrt{n} \tag{3-28}$$

查双侧临界临界值 $t_{p, f}$，比较并判断：当 $t \geqslant t_{p, f}$ 时，说明平均值与标准值存在显著性差异，分析方法或操作中有较大的系统误差存在，准确度不高；

当 $t < t_{p, f}$ 时，说明平均值与标准值不存在显著性差异，分析方法或操作中无明显的系

统误差存在，准确度高。

（2）平均值与平均值比较

两个平均值是指试样由不同的分析人员测定，或同一分析人员用不同的方法、不同的仪器测定。

检验步骤为：

$$t = \frac{|\overline{x}_1 - \overline{x}_2|}{s_R} \sqrt{\frac{n_1 n_2}{n_1 + n_2}}$$

$$s_R = \sqrt{\frac{s_1^2(n_1 - 1) + s_2^2(n_2 - 1)}{(n_1 - 1) + (n_2 - 1)}} \tag{3-29}$$

式中，s_R 称为合并标准偏差。

查双侧临界临界值 $t_{p,f}$（总自由度 $f = n_1 + n_2 - 2$），比较并判断：当 $t \geqslant t_{p,f}$ 时，说明两个平均值之间存在显著性差异，两个平均值中至少有一个存在较大的系统误差；当 $t < t_{p,f}$ 时，说明两个平均值之间不存在显著性差异，两个平均值本身可能没有系统误差存在，也可能有方向相同、大小相当的系统误差存在。

要检查两组数据的平均值是否存在显著性差异，必须先进行 F 检验，确定两组数据的精密度无显著性差异。如果有，则不能进行 t 检验。

知识点七　回归分析法

1. 一元线性回归方程及回归直线

若测量 n 个数据点 (x_i, y_i)，它们之间存在线性关系，其回归直线方程为：

$$y = a + bx \tag{3-30}$$

式中，y 为因变量；x 为自变量。

式（3-30）中 a 为回归直线的截距，用下面公式求得：

$$a = \frac{\sum\limits_{i=1}^{n} y_i - b \sum\limits_{i=1}^{n} x_i}{n} = \overline{y} - b\overline{x} \tag{3-31}$$

式（3-30）中 b 为回归直线的斜率，用下面公式求得：

$$b = \frac{\sum\limits_{i=1}^{n}(x_i - \overline{x})(y_i - \overline{y})}{\sum\limits_{i=1}^{n}(x_i - \overline{x})^2} = \frac{\sum\limits_{i=1}^{n} x_i y_i - [(\sum\limits_{i=1}^{n} x_i \sum\limits_{i=1}^{n} y_i)/n]}{\sum\limits_{i=1}^{n} x_i^2 - [(\sum\limits_{i=1}^{n} x_i)^2/n]} \tag{3-32}$$

式中，$\overline{x}$、$\overline{y}$ 分别为 x 和 y 的平均值。

2. 相关系数

相关系数用于检验回归直线是否有意义。相关系数的定义式为：

$$r = b \sqrt{\frac{\sum\limits_{i=1}^{n}(x_i - \overline{x})^2}{\sum\limits_{i=1}^{n}(y_i - \overline{y})^2}} = \frac{\sum\limits_{i=1}^{n}(x_i - \overline{x})(y_i - \overline{y})}{\sqrt{\sum\limits_{i=1}^{n}(x_i - \overline{x})^2 \sum\limits_{i=1}^{n}(y_i - \overline{y})^2}} \tag{3-33}$$

只有当 $|r|$ 足够大时，y 与 x 之间才是显著相关的，求得的回归直线才是有意义的。

3. 回归方程误差和置信区间

回归方程中的 y、a、b 的标准偏差分别按下式计算：

$$s_y = \sqrt{\frac{\sum\limits_{i=1}^{n}[y_i - (bx_i + a)]^2}{n-2}} = \sqrt{\frac{\left[\sum\limits_{i=1}^{n}y_i^2 - \frac{1}{n}\left(\sum\limits_{i=1}^{n}y_i\right)^2\right] - b^2\left[\sum\limits_{i=1}^{n}x_i^2 - \frac{1}{n}\left(\sum\limits_{i=1}^{n}x_i\right)^2\right]}{n-2}}$$

$$(3\text{-}34)$$

$$s_b = \sqrt{\frac{s_y^2}{\sum\limits_{i=1}^{n}(\overline{x} - x_i)^2}} = \sqrt{\frac{s_y^2}{\sum\limits_{i=1}^{n}x_i^2 - \frac{\left(\sum\limits_{i=1}^{n}x_i\right)^2}{n}}} \qquad (3\text{-}35)$$

$$s_a = s_y\sqrt{\frac{\sum\limits_{i=1}^{n}x_i^2}{n\sum\limits_{i=1}^{n}x_i^2 - \left(\sum\limits_{i=1}^{n}x_i\right)^2}} = s_y\sqrt{\frac{1}{n - \left(\sum\limits_{i=1}^{n}x_i\right)^2 / \sum\limits_{i=1}^{n}x_i^2}} \qquad (3\text{-}36)$$

按式(3-33)从回归方程得到的反估值 x_0 的标准偏差 s 可按下式计算：

$$s_{x_0} = \frac{s_f}{b}\sqrt{\frac{1}{n} + \frac{1}{m} + \frac{(x_0 - \overline{x})^2}{\sum\limits_{i=1}^{n}(x_i - \overline{x})^2}} \qquad (3\text{-}37)$$

式中，n 为测量的回归数据点数；m 为样品的平行测定次数；s_f 为残余标准偏差，即实验误差和线性关系对回归直线的影响。

$$s_f = \sqrt{\frac{Q}{n-2}} = \sqrt{\frac{\sum\limits_{i=1}^{n}[y_i - (a + bx_i)]^2}{n-2}} = \sqrt{\frac{\sum\limits_{i=1}^{n}(y_i - \overline{y})^2 - b\left(\sum\limits_{i=1}^{n}x_i y_i - n\overline{x}\ \overline{y}\right)}{n-2}}$$

$$(3\text{-}38)$$

4. 意义

若经过多次重复测定，得到其平均值 $\overline{y}_0$，可由回归直线方程求得样品中被测物质的含量 $\overline{x}$。

其置信区间为

$$x_0 \pm t_{a,f} s_{x_0} \qquad (3\text{-}39)$$

式中，a 为显著性水平，$a = 1 - p$；f 为自由度，$f = n - 2$；n 为测量的回归数据点数。单次测量的 y 值也可求得单次测量的 x 值。

知识点八　提高分析结果准确度的方法

要提高分析结果的准确度，必须综合考虑在分析过程中可能产生的各种误差，包含系统误差和随机误差，采取有效措施，将这些误差减到最小。因此，在实际分析工作中要考虑以下几个问题：

1. 选择合适的分析方法

选择的方法操作要简单、步骤要少、速度要快，试剂易得，经济，对环境友好。

2. 减少测量误差

各测量值的误差会影响最终分析结果的精确度，但对测量对象的量进行合理地选取，则会减少测量误差，提高分析结果的准确度。

若准确度要求不同，则对称量和体积测量误差的要求也不同。

3. 消除系统误差

系统误差是由固定的原因引起的，如果消除这些误差的来源，就可以消除系统误差。系统误差的检验和消除通常采用如下方法。

（1）对照试验

① 与标准试样对照；

② 标准加入法（回收实验）；

③ 与标准方法对照；

④ 进行"内检"和"外检"。

（2）空白试验

由于试剂中含有干扰杂质或溶液对器皿的侵蚀或沾污等产生的系统误差，可通过空白试验来消除。

（3）校准仪器

校准仪器可以减少或消除由砝码、移液管、滴定管、容量瓶等仪器不准确引起的系统误差。在要求精确的分析中，须对这些计量仪器进行校准，并在计算结果时采用校准值以获得准确结果。

（4）校正分析结果

对于某些试样的分析，虽然已采用了最适宜的分析方法或分析过程，但由于方法或过程本身的缺陷，仍存在一定的系统误差，可采用适当方法对结果进行校正。

4. 减少随机误差的方法

在分析过程中，随机误差是无法避免的，但根据统计学原理，通过增加平行测定次数可以减少随机误差，平行测定次数越多，平均值就越接近真值。通常测定次数不超过 $4 \sim 6$ 次。

思考题和习题解答

思考题

1. 何谓准确度和精密度，何谓误差和偏差，它们之间关系如何？

答 准确度表示测定结果和真实值之间的接近程度，用误差表示。精密度表示测定值之间相互接近的程度，用偏差表示。

误差表示测定结果与真实值之间的差值。偏差表示测定结果与平均值之间的差值，用来衡量分析结果的精密度。

精密度是保证准确度的先决条件，在消除系统误差的前提下，精密度高准确度就高，精密度低，则测定结果不可靠。也就是说准确度高，精密度一定高；精密度高，准确度不一定好。

2. 指出下列各种误差是系统误差还是偶然误差？如果是系统误差，请区别方法、仪器、试剂和操作误差，并给出它们的减免方法。

①容量瓶与移液管未经校准；②在重量分析中，试样的非被测组分被共沉淀；③试剂含被测组分；④试样在称量过程中吸潮；⑤化学计量点不在指示剂的变色范围；⑥读取滴定管读数时，最后一位数字估计不准；⑦在分光光度法测定中，波长指示器所示波长与实际波长不符；⑧以含量为99%的邻苯二甲酸氢钾作基准物质标定碱溶液。

答 ① 容量瓶与移液管未经校准属于系统误差（仪器误差）；应校正仪器。

② 在重量分析中，试样的非被测组分被共沉淀属于系统误差（方法误差）；应修正方法，严格规定沉淀条件。

③ 试剂含被测组分属于系统误差（试剂误差）；应做空白试验。

④ 试样在称量过程中吸潮属于系统误差（操作误差）；应严格按操作规程操作。

⑤ 化学计量点不在指示剂的变色范围内属于系统误差（方法误差）；应另选指示剂。

⑥ 读取滴定管读数时，最后一位数字估计不准属于偶然误差；应严格按操作规程操作，增加测定次数。

⑦ 在分光光度法测定中，波长指示器所示波长与实际波长不符属于系统误差（仪器误差）；应校正仪器。

⑧ 以含量为99%的邻苯二甲酸氢钾作基准物标定碱溶液属于系统误差（试剂误差）；应做空白试验、提纯或换用分析试剂。

3. 减少系统误差和偶然误差的方法有哪些？

答 通过对照试验、空白试验、校正仪器、提纯试剂等方法可消除系统误差。通过增加平行测定次数可以减少偶然误差。

4. 如何表示总体数据的集中趋势和分散性？如何表示样本数据的集中趋势和分散性？

答 总体数据的集中趋势用总体平均值 μ 表示；分散性用总体标准偏差 σ 表示。样本数据的集中趋势用算术平均 $\bar{x}$ 表示；分散性用标准偏差 s 表示。

5. 某试样分析结果为 $\bar{x}=16.74\%$，$n=4$，若该分析方法的 $\sigma=0.04\%$，则当置信度为 95% 时，$\mu=\left(16.74\pm1.96\dfrac{0.04}{\sqrt{4}}\right)\%=(16.74\pm0.04)\%$，据此公式说明置信度和置信区间的含义。

答 置信度是分析结果在某一区间内出现的概率，相应的区间为置信区间。计算结果说明，置信度为 95% 时，以 16.74% 为中心，包含 μ 值的置信区间为 $(16.74\pm0.04)\%$。

6. 何谓对照分析？何谓空白分析？它们在提高分析结果准确度中各起什么作用？

答 对照分析是取已知准确组成的试样（例如标准试样或纯物质），且已知试样的组成最好与未知试样的组成相似，含量相近。用测定试样的方法，在相同条件下平行测定，得到的平均值 $\bar{x}_{标}$，然后与试样测定值比较。

空白分析是在不加待测组分的情况下，用分析试样完全相同的方法及条件进行平行测定。所得结果称为空白值。

对照分析用于校正方法误差，即消除测定中的系统误差。空白分析用于消除水、试剂和器皿带进杂质所造成的系统误差。

7. 离群值或异常值的取舍方法有哪些，各有什么特点？

答 （1）$4\overline{d}$ 法，方法简单，不需查表，但存在较大误差，当 $4\overline{d}$ 法与其他检验方法判断的结果发生矛盾时，应以其他方法为准。

（2）Q 检验法，该方法计算简单，但有时欠准确。

（3）格鲁布斯（Grubbs）检验法，该方法计算较复杂，但比较准确。

8. 在显著性检验中，何谓 F 检验，何谓 t 检验，它们分别用于什么？

答 （1）F 检验，比较两组数据的方差（s^2），确定它们的精密度是否存在显著性差异，用于判断两组数据间存在的偶然误差是否显著不同。

（2）t 检验，将平均值与标准值或两个平均值之间进行比较，以确定它们的准确度是否存在显著性差异，用来判断分析方法或操作过程中是否存在较大的系统误差。

9. 滴定管的每次读数误差为 ± 0.01mL。如果滴定中用去标准溶液的体积分别为 2mL、20mL 和 30mL 左右，读数的相对误差各是多少？从相对误差的大小说明了什么问题？

答 由于滴定管的每次读数误差为 ± 0.01mL，因此，二次测定平衡点最大极值误差为 ± 0.2mL，故读数的绝对误差 $E = (\pm 0.01 \times 2)$mL。

根据 $E_r = \dfrac{E}{T} \times 100\%$，可得：

$$E_{r,2mL} = \frac{\pm 0.02mL}{2mL} \times 100\% = \pm 1\%$$

$$E_{r,20mL} = \frac{\pm 0.02mL}{20mL} \times 100\% = \pm 0.1\%$$

$$E_{r,30mL} = \frac{\pm 0.02mL}{30mL} \times 100\% = \pm 0.07\%$$

结果表明，量取溶液的绝对误差相等，但它们的相对误差并不相同。也就是说当被测量的量较大时，测量的相对误差较小，测定的准确程度也就较高。因此，定量分析要求滴定体积一般在 20～30mL 之间。

10. 分析天平的每次称量误差为 ± 0.1mg，称样量分别为 0.05g、0.2g、1.0g 时可能引起的相对误差各为多少？这些结果说明什么问题？

答 由于分析天平的每次读数误差为 ± 0.1mg，因此，第二次测定平衡点最大极值误差为 ± 0.2mg，故读数的绝对误差 $E = (\pm 0.0001 \times 2)$mg。

根据 $E_r = \dfrac{E}{T} \times 100\%$，可得：

$$E_{r,0.05} = \frac{\pm 0.0002}{0.05} \times 100\% = \pm 0.4\%$$

$$E_{r,0.2} = \frac{\pm 0.0002}{0.2} \times 100\% = \pm 0.1\%$$

$$E_{r,1} = \frac{\pm 0.0002}{1} \times 100\% = \pm 0.02\%$$

结果表明，称量的绝对误差相同，但它们的相对误差不同，也就是说，称样量越大，相对误差越小，测定的准确程度也就越高。因此，定量分析要求误差小于 0.1%，称样量大于 0.2g。

一、选择题

1	2	3	4	5	6	7	8	9	10	11
C	B	D	B	C	A	D	D	D	D	B

二、填空题

1. 绝对误差（或相对误差），测定值与真值相接近的程度，偏差（标准偏差），测定值之间相符合的程度。

2. 算术平均值，中位数，平均偏差（相对平均偏差），标准偏差。

3. 小，接近。

4. 三。

5. 在 $\mu=10.79\pm0.04(\%)$ 的区间内包括总体平均值即理论值 10.77% 的概率为 95%（或有 95% 的把握断定在区间 $\mu=10.79\pm0.04(\%)$ 内将包含总体平均值即理论值 10.77%）；随机误差。

6. 0，不为 0，各偏差绝对值之和除以测定次数。

7. 标准偏差。

三、判断题

1	2	3
√	×	√

四、计算题

1. 某试样经分析测得含锰质量分数为：41.24%，41.27%，41.23%，41.26%。求分析结果的平均偏差、标准偏差和相对标准偏差。

解 $\bar{x}=\dfrac{1}{n}\sum\limits_{i=1}^{n}x_i=\dfrac{41.24\%+41.27\%+41.23\%+41.26\%}{4}=41.25\%$

各次测量偏差分别是：

$d_1=-0.01\%$，$d_2=+0.02\%$，$d_3=-0.02\%$，$d_4=+0.01\%$

$\bar{d}=\dfrac{1}{n}\sum\limits_{i=1}^{n}|d_i|=\dfrac{|-0.01\%|+|0.02\%|+|-0.02\%|+|0.01\%|}{4}=0.015\%$

$s=\sqrt{\dfrac{\sum\limits_{i=1}^{4}(x_i-\bar{x})^2}{4-1}}=\sqrt{\dfrac{(-0.01\%)^2+(0.02\%)^2+(-0.02\%)^2+(0.01\%)^2}{4-1}}$

$=0.02\%$

$s_r=\dfrac{s}{\bar{x}}\times100\%=\dfrac{0.02\%}{41.25\%}\times100\%=0.05\%$

2. 某矿石中钨的质量分数测定结果为：20.39%，20.41%，20.43%。计算标准偏差及置信度为 95% 时的置信区间。

解 $\bar{x}=20.41\%$，$s=0.02\%$。查表得 $t_{0.05,2}=4.30$，$n=3$，代入以下公式：

$$\mu = \bar{x} \pm \frac{ts}{\sqrt{n}} = (20.41 \pm 0.05)\%$$

3. 某学生标定 NaOH 溶液，六次测定结果分别为 $0.1062 mol \cdot L^{-1}$、$0.1061 mol \cdot L^{-1}$、$0.1060 mol \cdot L^{-1}$、$0.1056 mol \cdot L^{-1}$、$0.1064 mol \cdot L^{-1}$、$0.1058 mol \cdot L^{-1}$，试计算单次测定的偏差、平均偏差、相对平均偏差、标准偏差、相对标准偏差及极差。

解 $\bar{x} = \frac{1}{n} \sum_{i=1}^{n} x_i = \frac{0.1062 + 0.1061 + 0.1060 + 0.1056 + 0.1064 + 0.1058}{6} = 0.1060$

（1）单次测定偏差分别为：

$d_1 = 0.1062 - 0.1060 = 0.0002$，$d_2 = 0.1061 - 0.1060 = 0.0001$

$d_3 = 0.1060 - 0.1060 = 0.0000$，$d_4 = 01056 - 0.1060 = -0.0004$

$d_5 = 0.1064 - 0.1060 = 0.0004$，$d_6 = 0.1058 - 0.1060 = -0.0002$

（2）平均偏差：

$$\bar{d} = \frac{1}{n} \sum_{i=1}^{n} d_i = \frac{|0.0002| + |0.0001| + |0.0000| + |-0.0004| + |0.0004| + |-0.0002|}{6} = 0.0002$$

（3）相对平均偏差：

$$\bar{d}_r = \frac{\bar{d}}{\bar{x}} \times 100\% = \frac{0.0002}{0.1060} \times 100\% = 0.19\%$$

（4）标准偏差：

$$s = \sqrt{\frac{\sum_{i=1}^{6} (x_i - \bar{x})^2}{6 - 1}} = 0.0003$$

（5）相对标准偏差：

$$s_r = \frac{s}{\bar{x}} \times 100\% = \frac{0.0003}{0.1060} \times 100\% = 0.3\%$$

（6）极差：

$$R = x_{max} - x_{min} = 0.1064 - 0.1056 = 0.0008$$

4. 测定试样中 P_2O_5 质量分数，数据如下：8.44%，8.32%，8.45%，8.52%，8.69%，8.38%。首先用 Grubbs 法及 Q 检验法对可疑数据进行取舍，求平均值、平均偏差、标准偏差和置信度为 95% 及 99% 的平均值的置信区间。

解 排序：8.32%，8.38%，8.44%，8.45%，8.52%，8.69%，可看出 8.69% 与相邻数据之间差别最大，可疑。

（1）Grubbs 法：

$$\bar{x} = \frac{1}{n} \sum_{i=1}^{n} x_i = \frac{8.32\% + 8.38\% + 8.44\% + 8.45\% + 8.52\% + 8.69\%}{6} = 8.47\%$$

$$\bar{d} = 0.09\%, \quad s = 0.13\%$$

$$T = \frac{8.69\% - 8.47\%}{0.13\%} = 1.69$$

查 T 值表，$T_{0.95} = 1.82$，$T_{0.99} = 1.94$，都大于计算值 1.69，故 8.69% 应保留。

（2）Q 检验法：

$$Q_{计算} = \frac{|x_6 - x_5|}{|x_6 - x_1|} = \frac{|8.69\% - 8.52\%|}{|8.69\% - 8.32\%|} = 0.46$$

查 Q 值表，$Q_{0.95} = 0.63$，$Q_{0.99} = 0.74$，都大于计算值 0.46，故 8.69% 应保留。

(3) 由于数据保留，故 $\bar{x}=8.47\%$；$s=0.13\%$，且由表查得 $t_{0.05,5}=2.57$，$t_{0.01,5}=4.03$，则：

置信度为 95% 时：$\mu=8.47\%\pm\dfrac{2.57\times0.13}{\sqrt{6}}\times100\%=(8.47\pm0.14)\%$

置信度为 99% 时：$\mu=8.47\%\pm\dfrac{4.032\times0.13}{\sqrt{6}}\times100\%=(8.47\pm0.21)\%$

5. 计算下列算式的结果（确定有效数字的位数）：

(1) $K_2Cr_2O_7$ 的摩尔质量：
$$39.0983\times2+51.996\times2+15.9996\times7=\underline{294.19}$$

(2) 28.40mL $0.0977\text{mol}\cdot L^{-1}$ HCl 溶液中 HCl 含量：
$$\dfrac{28.40\times0.0977\times(1.0079+35.453)}{1000}=\underline{0.1012}$$

(3) 返滴定法结果计算：
$$x=\dfrac{0.1000\times(25.00-1.52)\times246.47}{1.000\times1000}\times100\%=\underline{57.87\%}$$

(4) pH＝5.03，求 $[H^+]$：
$$[H^+]=\underline{9.3\times10^{-6}}\text{mol}\cdot L^{-1}$$

(5) $\dfrac{31.0\times4.03\times10^{-4}}{3.152\times0.002034}+5.8=\underline{7.7}$

(6) $2.187\times0.854+9.6\times10^{-5}-0.0326\times0.00814=\underline{1.87}$

(7) $\sqrt{\dfrac{1.5\times10^{-8}\times6.1\times10^{-8}}{3.3\times10^{-6}}}=\underline{1.7\times10^{-5}}$

6. 有一标样，其标准值为 0.123%，今用一新方法测定，得四次数据如下：0.112%，0.118%，0.115%，0.119%，判断新方法是否存在系统误差（置信度 95%）。

解 $\bar{x}=0.116\%$，$s=3.20\times10^{-3}$
$$t=\dfrac{|\bar{x}-\mu|}{s}\sqrt{n}=\dfrac{|0.116\%-0.123\%|}{3.20\times10^{-3}}\times\sqrt{4}=4.38$$

查 t 值表，知 $t_{0.95}=3.18$，$t_{计算}>t_{0.95}$，故新方法存在系统误差。

7. 用两种不同方法测得数据如下：

方法 1：$n_1=6$，$\bar{x}_1=71.26\%$，$s_1=0.13\%$。

方法 2：$n_2=9$，$\bar{x}_2=71.38\%$，$s_2=0.11\%$。

判断两种方法间有无显著性差异？

解 F 检验法：

$F_{计算}=\dfrac{s^2_大}{s^2_小}=\dfrac{(0.13\%)^2}{(0.11\%)^2}=1.40$，查 F 值表，$F_{0.95}=3.69$，$F_{计算}<F_{0.95}$，故两种方法的方差无显著性差异。

$$s_合=\sqrt{\dfrac{(n_1-1)s^2_1+(n_2-1)s^2_2}{n_1+n_2-2}}=0.12\%$$

$t=\dfrac{|\bar{x}_1-\bar{x}_2|}{s_合}\sqrt{\dfrac{n_1n_2}{n_1+n_2}}=1.90$，查表，$f=13$ 时，得 $t_{0.95}\approx2.16$，$t_{计算}<t_{0.95}$，故两种方法无显著性差异。

8. 用两种方法测定钢样中碳的质量分数：

方法1：数据为 4.08%，4.03%，3.94%，3.90%，3.96%，3.99%。

方法2：数据为 3.98%，3.92%，3.90%，3.97%，3.94%。

判断两种方法的精密度是否有显著差别。

解 $n_1 = 6$，$\overline{x}_1 = 3.98\%$，$s_1 = 0.065\%$

$n_2 = 5$，$\overline{x}_2 = 3.94\%$，$s_2 = 0.034\%$

$$F_{计算} = \frac{s_{大}^2}{s_{小}^2} = \frac{0.065\%^2}{0.034\%^2} = 3.65$$

查表，在置信度为 95% 时，$F_{表} = 6.26 > 3.65$，故两种方法的精密度无显著差别。

9. 甲、乙两人分析同一试样，甲测定了 11 次，标准偏差为 0.38；乙测定了 9 次，标准偏差为 0.76。问两人分析结果的精密度有无显著性差异。

解 此例中不论甲的分析结果的精密度优于或劣于乙的分析结果的精密度，二者的精密度都有显著性差异，故属于双边检验问题。

已知 $n_{甲} = 11$，$s_{甲} = 0.38$，$f_{甲} = 11 - 1 = 10$；$n_{乙} = 9$，$s_{乙} = 0.76$，$f_{乙} = 9 - 1 = 8$。

$$F_{计算} = \frac{s_{大}^2}{s_{小}^2} = \frac{s_{乙}^2}{s_{甲}^2} = \frac{(0.76)^2}{(0.38)^2} = 4.0$$

查表知，$f_{大} = 8$，$f_{小} = 10$ 时 $F_{表} = 3.07$，则 $F_{计算} > F_{表}$，表明二者分析结果的精密度存在显著性差异，但此结论的置信度为 90%。

10. 用滴定法测定铜合金中铜的含量，若分析天平称量误差及滴定管体积测量的相对误差均为 ± 0.1，试计算分析结果的极值相对误差。

解 铜合金中铜的质量分数的计算式为：

$$w = \frac{c_V M_{Cu}}{m_s} \times 100\%$$

只考虑 m_s 和 V 的测量误差，可求得分析结果的极值相对误差为：

$$\left| \frac{E_R}{R} \right| = \left| \frac{E_V}{V} \right| + \left| \frac{E_{m_s}}{m_s} \right| = 0.1\% + 0.1\% = 0.2\%$$

11. 测定某钛矿中 TiO_2 的质量分数，6 次分析结果的平均值为 58.66%，$s = 0.07\%$，求：（1）总体平均值 μ 的置信区间；（2）如果测定三次，置信区间又为多少？上述计算结果说明了什么问题（$P = 95\%$）？

解 已知 $\overline{x} = 58.66\%$，$s = 0.07\%$。

（1）$n = 6$，$t_{0.05,5} = 2.57$，根据置信区间计算公式，有：

$$\mu = \overline{x} \pm t_{\alpha,f} \frac{s}{\sqrt{n}} = \left(58.66 \pm 2.57 \times \frac{0.07}{\sqrt{6}} \right)\% = (58.66 \pm 0.07)\%$$

（2）$n = 3$，设 $\overline{x} = 58.66\%$，$s = 0.07\%$，$t_{0.05,2} = 4.30$，根据置信区间计算公式，有：

$$\mu = \overline{x} \pm t_{\alpha,f} \frac{s}{\sqrt{n}} = \left(58.66 \pm 4.30 \times \frac{0.07}{\sqrt{3}} \right)\% = (58.66 \pm 0.17)\%$$

结果表明，在相同的置信度下，测定次数多比测定次数少的置信区间要小，即所估计的真值可能存在的范围较小（估计得准确），说明平均值更接近真值。

12. 某分析人员提出了一种新的分析方法，并用此方法测定了一个标准试样，得如下数据：40.15%，40.00%，40.16%，40.20%，40.18%。已知该试样的标准值为 40.19%

$(P=96\%)$。

    (1) 用 Q 检验法判断极端值是否应该舍弃？

    (2) 试用 t 检验法对新分析方法做出评价。

    解 (1) 测定结果按大小顺序排列：40.00%，40.15%，40.16%，40.18%，40.20%。

$$\bar{x}=\frac{40.00\%+40.15\%+40.16\%+40.18\%+40.20\%}{5}=40.14\%$$

可见极端值为 40.00%，采用 Q 检验法检验 40.00%：

$$Q=\frac{40.15\%-40.00\%}{40.20\%-40.00\%}=0.75$$

查表，得 $Q_{0.96,5}=0.72$，$Q>Q_{0.96,5}$，所以 40.00 值应该舍弃。

    (2) t 检验

$$\bar{x}=\frac{40.15\%+40.16\%+40.18\%+40.20\%}{4}=40.17\%$$

$$s=0.022\%$$

$$t=\frac{|\bar{x}-\mu|}{s}\sqrt{n}=\frac{|40.17\%-40.19\%|}{0.022}\times 2=1.82$$

查 t 分布表，得 $t_{0.05,3}=3.18$，$t<t_{0.05,3}$，可见，新方法测定的结果与标准值无显著差异，说明新方法不引起系统误差，可以采用。

    13. 标定一溶液的浓度，得到下列结果：$0.1141\,mol\cdot L^{-1}$、$0.1140\,mol\cdot L^{-1}$、$0.1148\,mol\cdot L^{-1}$、$0.1142\,mol\cdot L^{-1}$。用格鲁布斯（Grubbs）检验法检验第三个结果是否可以舍去（95%置信度）？

    解 $\bar{x}=0.1143$，$s=0.036\%$。

$$T_{计算}=\frac{x_n-\bar{x}}{s}=\frac{0.1148-0.1143}{0.036\%}=1.39<1.46(查表得)$$

所以 0.1148 不能舍去。

    14. 测定某试样含氯百分率，得到下列结果：30.44%，30.52%，30.60% 和 30.12%。

    问：(1) 用格鲁布斯（Grubbs）检验法检验 30.12% 是否应舍去？

    (2) 计算平均值的置信区间（95%置信度）。

    解 $\bar{x}=30.42\%$，$s=0.21\%$。

    (1) $T_{计算}=\dfrac{\bar{x}-x_1}{s}=\dfrac{30.42\%-30.12\%}{0.21}=1.43<1.46$（查表得）

所以 30.12% 不能舍去。

    (2) 置信区间：$\mu=\bar{x}\pm t\dfrac{s}{\sqrt{n}}=\left(30.42\pm 3.18\times\dfrac{0.21}{\sqrt{4}}\right)\%=(30.42\pm 0.33)\%$

    15. 某分析人员提出一个测定氯的新方法，并以此方法分析了一个标准试样（标准值 = 16.62%），得结果为 $\bar{x}=16.72\%$，$s=0.08\%$，$n=4$。问 95% 置信度时，所得结果是否存在系统误差。

    解 $t_{计算}=\dfrac{\bar{x}-\mu}{s}\sqrt{n}=\dfrac{16.72\%-16.62\%}{0.08\%}\times\sqrt{4}=2.5<3.182$（查表得）

因此，所得结果不存在系统误差。

16. 用分光光度法测定试液中磷的含量，测定结果如下：

标液及试液编号	1	2	3	4	5	试液
磷的含量/$\mu g \cdot mL^{-1}$	0.200	0.400	0.600	0.800	1.00	未知
吸光度 A	0.158	0.317	0.471	0.625	0.788	0.437

计算回归直线方程、相关系数及试液中磷的含量。

解 （1）$\overline{x}=0.60$，$\overline{y}=0.472$

$$\sum_{i=1}^{5}(x_i-\overline{x})^2=0.40 \quad \sum_{i=1}^{5}(x_i-\overline{x})(y_i-\overline{y})=0.314$$

$$b=\frac{\sum_{i=1}^{n}(x_i-\overline{x})(y_i-\overline{y})}{\sum_{i=1}^{n}(x_i-\overline{x})^2}=\frac{0.314}{0.40}=0.785$$

$$a=\overline{y}-b\overline{x}=0.472-0.785\times0.60=0.001$$

则：$A=0.001+0.785x$

（2）$\sum_{i=1}^{5}(y_i-\overline{y})^2=0.246$

$$r=b\sqrt{\frac{\sum_{i=1}^{n}(x_i-\overline{x})^2}{\sum_{i=1}^{n}(y_i-\overline{y})^2}}=0.785\times\sqrt{\frac{0.40}{0.246}}=1.00$$

（3）将未知量 0.437 代入上述回归方程得：$A_{未}=0.56$

17. 分光光度法测定铜离子时，得到下列数据：

x（Cu 含量）/mg	0.20	0.40	0.60	0.80	1.00	未知
y（吸光度）	0.059	0.121	0.176	0.236	0.290	0.155

求：（1）确定一元线性回归方程。

（2）求未知液中含 Cu 量。

（3）求相关系数。

（4）对回归方程的斜率、截距和测定结果的不准确度进行估计。

解 （1）$\overline{x}=0.60$，$\overline{y}=0.176$

$$\sum_{i=1}^{5}(x_i-\overline{x})^2=0.40 \quad \sum_{i=1}^{5}(x_i-\overline{x})^2(y_i-\overline{y})=0.115$$

$$b=\frac{\sum_{i=1}^{n}(x_i-\overline{x})(y_i-\overline{y})}{\sum_{i=1}^{n}(x_i-\overline{x})^2}=\frac{0.115}{0.40}=0.288$$

$$a=\overline{y}-b\overline{x}=0.176-0.288\times0.60=0.0032$$

则：$y=0.0032+0.288x$

（2）将未知量 0.155 代入上述回归方程得：$x_{未}=0.53mg$

(3) $\displaystyle\sum_{i=1}^{5}(y_i-\overline{y})^2=0.176$

$$r=b\sqrt{\dfrac{\displaystyle\sum_{i=1}^{n}(x_i-\overline{x})^2}{\displaystyle\sum_{i=1}^{n}(y_i-\overline{y})^2}}=0.288\times\sqrt{\dfrac{0.40}{0.176}}=1.00$$

(4) 将 $\left(\displaystyle\sum_{i=1}^{5}y_i\right)^2=0.882^2=0.778$, $\displaystyle\sum_{i=1}^{5}x_i^2=2.20$, $\left(\displaystyle\sum_{i=1}^{5}x_i\right)^2=9.00$, $\displaystyle\sum_{i=1}^{5}y_i^2=0.189$,

$n=5$, $m=1$, $b=0.288$ 代入下式

$$s_y=\sqrt{\dfrac{\sum[y_i-(bx_i+a)]^2}{n-2}}$$

$$=\sqrt{\dfrac{\left[\sum y_i^2-\dfrac{1}{n}(\sum y_i)^2\right]-b^2\left[\sum x_i^2-\dfrac{1}{n}(\sum x_i)^2\right]}{n-2}}$$

$$=\sqrt{\dfrac{\left[0.189-\dfrac{1}{5}\times0.778\right]-0.288^2\times\left[2.20-\dfrac{1}{5}\times9.00\right]}{5-2}}$$

$$=0.0086$$

$$s_b=\sqrt{\dfrac{s_{y^2}}{\sum(\overline{x}-x_i)^2}}=\sqrt{\dfrac{s_{y^2}}{\sum x_i^2-\dfrac{(\sum x_i)_2}{n}}}=\sqrt{\dfrac{0.0086^2}{2.20-\dfrac{9.00}{5}}}=0.014$$

$$s_a=s_y\sqrt{\dfrac{\sum x_i^2}{n\sum x_i^2-(\sum x_i)^2}}=0.0086\times\sqrt{\dfrac{2.20}{5\times2.20-9.00}}=0.0090$$

$$s_c=\dfrac{s_y}{b}\sqrt{\dfrac{1}{n}+\dfrac{1}{m}+\dfrac{(x_0-\overline{x})^2}{\sum(x_i-\overline{x})^2}}=\dfrac{0.0086}{0.288}\sqrt{\dfrac{1}{5}+\dfrac{1}{1}+\dfrac{(0.155-0.176)^2}{0.288^2\times\left(2.20-\dfrac{9.0}{5}\right)}}$$

$$=0.033$$

故: $b=0.288\pm0.014$; $a=0.0032\pm0.0090$, $x=(0.53\pm0.033)\text{mg}$

第4章

酸碱滴定法

掌握酸度对弱酸、弱碱存在形式的影响；各类酸碱溶液质子平衡式的书写、pH的计算方法；了解滴定过程中pH的变化规律及突跃大小；学习酸碱指示剂的选择和应用，掌握准确滴定条件、终点误差等。掌握酸碱标准溶液的配制和标定，了解酸碱滴定的应用等。

知识点总结

知识点一　水溶液中的酸碱平衡

① 酸碱质子理论　酸是能给出质子的物质，碱是能接受质子的物质。

② 两性物质　既能给出质子又能接受质子，例如 $H_2PO_4^-$、HCO_3^- 等。

③ 酸碱反应　实质上是发生在两对共轭酸碱对之间的质子转移反应，由两个酸碱半反应组成。

④ 水的质子自递反应　$H_2O(酸1)+H_2O(碱2)\rightleftharpoons H_3O^+(酸2)+OH^-(碱1)$

$$K_w=[H^+][OH^-]=10^{-14.00}$$

式中，K_w 称为水的离子积。

⑤ 共轭酸碱对的 K_a 与 K_b 的关系　n 元酸碱的 K_a 和 K_b 的关系：

$$K_{a_{(n-i+1)}}K_{b_i}=K_w \quad 或 \quad pK_{a_{(n-i+1)}}+pK_{b_i}=K_w \tag{4-1}$$

式中，i 为某级常数。

⑥ 酸和碱的强度　酸或碱的强度取决于其给出或接受质子的能力，可用解离常数判断。酸碱的解离常数越大其强度越强；酸越强，其共轭碱就越弱；酸越弱，其共轭碱就越强。

知识点二　酸碱溶液中各型体的分布

1. 分布分数

溶液中某型体的平衡浓度在溶质总浓度中所占的比例，以 δ_i 表示

$$\delta_i = \frac{[i]}{c}$$

式中，i 为某种型体。

2. 弱酸（弱碱）各型体的分布系

（1）一元弱酸

由 $c = [HA] + [A^-]$ 和 $K_a = \dfrac{[H^+][A^-]}{[HA]}$，得：

$$\delta_{HA} = \frac{[H^+]}{[H^+] + K_a}$$

$$\delta_{A^-} = \frac{K_a}{[H^+] + K_a}$$

$$\delta_{HA} + \delta_{A^-} = 1$$

（2）二元弱酸

由 $c = [H_2A] + [HA^-] + [A^{2-}]$ 和各级解离常数得：

$$\delta_{H_2A} = \frac{[H^+]^2}{[H^+]^2 + K_{a_1}[H^+] + K_{a_1}K_{a_2}}$$

$$\delta_{HA^-} = \frac{K_{a_1}[H^+]}{[H^+]^2 + K_{a_1}[H^+] + K_{a_1}K_{a_2}}$$

$$\delta_{A^{2-}} = \frac{K_{a_1}K_{a_2}}{[H^+]^2 + K_{a_1}[H^+] + K_{a_1}K_{a_2}}$$

$$\delta_{H_2A} + \delta_{HA^-} + \delta_{A^{2-}} = 1$$

（3）对于 n 元酸 H_nA，其解离如下，有 $n+1$ 种型体：

$$H_nA \underset{}{\overset{-H^+, K_{a_1}}{\rightleftharpoons}} H_{n-1}A \underset{}{\overset{-H^+, K_{a_2}}{\rightleftharpoons}} \cdots \underset{}{\overset{-H^+, K_{a_{(n-1)}}}{\rightleftharpoons}} HA^{(n-1)-} \underset{}{\overset{-H^+, K_{a_n}}{\rightleftharpoons}} A^{n-}$$

则分布系数为：

$$\delta_{H_nA} = \frac{[H^+]^n}{[H^+]^n + K_{a_1}[H^+]^{n-1} + K_{a_1}K_{a_2}[H^+]^{n-2} + \cdots + K_{a_1}K_{a_2}K_{a_3}\cdots K_{a_n}}$$

$$\delta_{H_{n-1}A} = \frac{K_{a_1}[H^+]^{n-1}}{[H^+]^n + K_{a_1}[H^+]^{n-1} + K_{a_1}K_{a_2}[H^+]^{n-2} + \cdots + K_{a_1}K_{a_2}K_{a_3}\cdots K_{a_n}}$$

$$\vdots$$

$$\delta_{A^{n-}} = \frac{K_{a_1}K_{a_2}K_{a_3}\cdots K_{a_n}}{[H^+]^n + K_{a_1}[H^+]^{n-1} + K_{a_1}K_{a_2}[H^+]^{n-2} + \cdots + K_{a_1}K_{a_2}K_{a_3}\cdots K_{a_n}}$$

$$\delta_0 + \delta_1 + \delta_2 + \cdots + \delta_n = 1$$

3. 酸度对弱酸（碱）各型体分布的影响

弱酸（弱碱）各型体的分布系数与溶液的酸度和酸碱的离解常数有关，而与分析浓度无关。

知识点三　水溶液中酸碱平衡的处理方法

1. 质量平衡（物料平衡，MBE）

在一个化学平衡体系中，某一组分的分析浓度等于该组分各种存在型体的平衡浓度之和，称为质量平衡（物料平衡）。例如浓度为 c 的 Na_2CO_3 溶液的质量平衡式：

$$[Na^+] = 2c$$

$$[H_2CO_3]+[HCO_3^-]+[CO_3^{2-}]=c$$

2. 电荷平衡（CBE）

在一个化学平衡体系中，正离子电荷的总和与负离子电荷的总和相等，称为电荷平衡。例如 c mol·L^{-1} Na_2CO_3 水溶液的电荷平衡式：

$$[Na^+]+[H^+]=[OH^-]+[HCO_3^-]+2[CO_3^{2-}]$$

注：2 为带两个负电荷。

3. 质子平衡（PBE）

酸碱反应达平衡时，酸失去的质子数等于碱得到的质子数，称为质子平衡。

质子参考水准：能参与质子交换的组分的初始形态以及溶剂水。

质子条件式书写方法：

① 第一步：选择溶液中大量存在的并参与质子转移的物质作为参考水准（或零水准）(reference level or zero level)。在大多数情况下，质子参考水准就是起始的酸碱组分。需要特别指出的是，由于水是溶液中大量存在的能够参与质子传递的物质之一，所以水是质子参考水准之一。另外，共轭体系中只能选择其中之一作为零水准。

② 第二步：写出得、失质子产物，所有产物必须是由零水准得来，且需要确定得失质子数。如果得（失）1 个质子，前面系数为 1，得（失）2 个质子，则前面系数为 2，如此，得（失）n 个质子，前面系数为 n。

③ 第三步：将得失质子产物的平衡浓度分别写在等式左边和右边。

4. 酸碱溶液中 pH 值的计算

（1）$[H^+]$ 的计算思路

$$质子平衡式 \xrightarrow{K_a, c, [H^+]} 精确式 \xrightarrow{条件} 近似式 \xrightarrow{条件} 最简式$$

（2）代数法求解 pH 值步骤

① 第一步：根据物料平衡、电荷平衡及溶液的具体情况写出溶液的质子平衡式。

② 第二步：依据平衡关系和 K_w、K_a、K_b 等得出计算 $[H^+]$ 的精确式。

③ 第三步：根据具体条件做出合理近似得到近似式和最简式。

其中第三步中近似处理包括两个方面：一是舍去质子平衡式中的次要项，二是用分析浓度代替平衡浓度，近似处理的依据是误差小于 5%，这样一般就能满足分析的要求。

（3）pH 值的计算总结

pH 值的计算总结见表 4-1。

表 4-1　pH 值的计算总结

体系	精确式	近似式	最简式
强酸	$[H^+]=\dfrac{c_a+\sqrt{c_a^2+4K_w}}{2}$		$[H^+]\approx c_a$ （$c_a>10^{-6}$ mol·L^{-1}）
强碱	$[OH^-]=\dfrac{c_b+\sqrt{c_b^2+4K_w}}{2}$	—	$[OH^-]\approx c_b$ （$c_b\geqslant 10^{-6}$ mol·L^{-1}）
一元弱酸	$[H^+]^3+K_a[H^+]^2-(cK_a+K_w)[H^+]-K_aK_w=0$	$[H^+]=\dfrac{-K_a+\sqrt{K_a^2+4K_ac}}{2}$ （$K_ac\geqslant 20K_w$、$\dfrac{c}{K_a}<400$） $[H^+]=\sqrt{K_ac+K_w}$ （$K_ac<20K_w$、$\dfrac{c}{K_a}\geqslant 400$）	$[H^+]=\sqrt{K_ac}$ （$K_ac\geqslant 20K_w$、$\dfrac{c}{K_a}\geqslant 400$）

体系	精确式	近似式	最简式
一元弱碱	$[OH^-]^3+K_b[OH^-]^2-(cK_b+K_w)[OH^-]-K_bK_w=0$	$[OH^-]=\dfrac{-K_b+\sqrt{K_b^2+4K_bc}}{2}$ $(K_b\geqslant20K_w、\dfrac{c}{K_b}<400)$ $[OH^-]=\sqrt{K_bc+K_w}$ $(K_bc<20K_w、\dfrac{c}{K_b}\geqslant400)$	当$[OH^-]=\sqrt{K_bc}$ $(K_bc\geqslant20K_w、\dfrac{c}{K_b}\geqslant400)$
二元酸	$[H^+]^4+K_{a_1}[H^+]^3+(K_{a_1}K_{a_2}-K_{a_1}c-K_w)[H^+]^2-(K_{a_1}K_w+2K_{a_1}K_{a_2}c)[H^+]-K_{a_1}K_{a_2}K_w=0$	$[H^+]=\dfrac{-K_{a_1}+\sqrt{K_{a_1}^2+4K_{a_1}c}}{2}$ $(K_{a_1}c\geqslant20K_w、\dfrac{2K_{a_2}}{[H^+]}\approx\dfrac{2K_{a_2}}{\sqrt{K_{a_1}c}}<0.05)$	$[H^+]=\sqrt{K_{a_1}c}$ $(K_{a_1}c\geqslant20K_w、\dfrac{2K_{a_2}}{[H^+]}\approx\dfrac{2K_{a_2}}{\sqrt{K_{a_1}c}}<0.05,$ 且当$\dfrac{c}{K_{a_1}}\geqslant400)$
两性物质	$[H^+]=\sqrt{\dfrac{K_{a_1}(K_{a_2}[HA^-]+K_w)}{K_{a_1}+[HA^-]}}$	$[H^+]=\sqrt{\dfrac{K_{a_1}(K_{a_2}c+K_w)}{K_{a_1}+c}}$ $([HA^-]\approx c)$ $[H^+]=\sqrt{\dfrac{K_{a_1}K_{a_2}c}{K_{a_1}+c}}$ $(K_{a_2}c\geqslant20K_w)$ $[H^+]=\sqrt{\dfrac{K_{a_1}(K_{a_2}c+K_w)}{c}}$ $(K_{a_2}c<20K_w、c\geqslant20K_{a_1})$	$[H^+]=\sqrt{K_{a_1}K_{a_2}}$ 或$pH=\dfrac{1}{2}(pK_{a_1}+pK_{a_2})$ $(c\geqslant20K_{a_1},K_{a_2}c\geqslant20K_w)$
缓冲溶液	$[H^+]=K_a\dfrac{c_{HA}-[H^+]+[OH^-]}{c_{A^-}+[H^+]-[OH^-]}$	$[H^+]=K_a\dfrac{c_{HA}-[H^+]}{c_{A^-}+[H^+]}$ $(pH\leqslant6)$ $[H^+]=K_a\dfrac{c_{HA}+[OH^-]}{c_{A^-}-[OH^-]}$ $(pH\geqslant8)$	$[H^+]=K_a\dfrac{c_a}{c_b}$ 或$pH=pK_a+\lg\dfrac{c_{A^-}}{c_{HA}}$ $(c_{HA}\gg[OH^-]-[H^+]$和$c_{A^-}\gg[H^+]-[OH^-])$

知识点四　缓　冲　溶　液

1. 定义
酸碱缓冲溶液是一种对溶液酸度起稳定作用的溶液。

2. 组成
一般是由浓度较大的弱酸及其共轭碱组成，如 $HAc\text{-}Ac^-$、$NH_3\text{-}NH_4^+$、$H_2CO_3\text{-}HCO_3^-$、$HCO_3^-\text{-}CO_3^{2-}$、$HPO_4^{2-}\text{-}PO_4^{3-}$ 和 $H_2PO_4^-\text{-}HPO_4^{2-}$ 等。应指出的是，高浓度的强酸或强碱溶液也是缓冲溶液，它们主要用于控制高酸度（$pH<2$）或高碱度（$pH>12$）。

3. 缓冲溶液 pH 的计算
见表 4-1。

4. 缓冲指数、缓冲容量和缓冲范围
① 缓冲指数 β：使 1L 缓冲溶液的 pH 改变 dpH 所需加入强碱或强酸并使其浓度为 dc_b

或 dc_a 的量。

$$\beta = \frac{dc_b}{dpH} \quad 或 \quad \beta = -\frac{dc_a}{dpH}$$ (4-2)

式中，β 的单位为 $mol \cdot L^{-1}$。

② 缓冲容量 α：它的物理意义是某缓冲溶液因外加强酸或强碱的量为 Δc 而发生 pH 值的变化，变化的幅度为 ΔpH，$\overline{\beta}$ 为 ΔpH 区间缓冲溶液所具有的平均缓冲指数。

$$\alpha = \Delta c = \overline{\beta} \Delta pH$$ (4-3)

③ 缓冲溶液的有效缓冲范围：$pH = pK_a \pm 1$。

知识点五　滴定基本原理

1. 酸碱指示剂

① 变色范围

$$HIn \Longleftrightarrow H^+ + In^-$$
$$\text{酸式} \qquad\qquad \text{碱式}$$

$$K_{HIn} = \frac{[H^+][In^-]}{[HIn]}$$

$$\frac{[In^-]}{[HIn]} = \frac{K_{HIn}}{[H^+]}$$

$$pH = pK_{HIn} + \lg\frac{[In^-]}{[HIn]}$$ (4-4)

讨论：

a. $\dfrac{[In^-]}{[HIn]} \geqslant 10$ 时，$[H^+] \leqslant \dfrac{K_{HIn}}{10}$，$pH \geqslant pK_{HIn} + 1$，溶液显示碱式色；

b. $\dfrac{[In^-]}{[HIn]} \leqslant \dfrac{1}{10}$ 时，$[H^+] \geqslant 10K_{HIn}$，$pH \leqslant pK_{HIn} - 1$，溶液显示酸式色；

c. $\dfrac{1}{10} < \dfrac{[In^-]}{[HIn]} < 10$ 时，$pH = pK_{HIn} \pm 1$，溶液显示混合色。

当溶液的 pH 低于 $pK_{HIn} - 1$ 或超过 $pK_{HIn} + 1$ 时，看不出颜色的变化。当溶液的 pH 由 $pK_{HIn} - 1$ 变化到 $pK_{HIn} + 1$ 时，可以明显地看到指示剂由酸式色变为碱式色。指示剂的理论变色范围是：$pH = pK_{HIn} \pm 1$。

② 由于人眼对深色比浅色灵敏，实际变色范围与理论推算的变色范围并不完全相同。一般而言，人们观察指示剂颜色的变化约有 $0.2 \sim 0.5pH$ 单位的误差，称为观测终点的不确定性，用 ΔpH 来表示，一般按 $\Delta pH = \pm 0.2$ 来考虑，作为使用指示剂目测终点的分辨极限值。

③ 影响指示剂变色范围的因素

a. 指示剂的用量　指示剂本身都是弱酸或弱碱，也会参与酸碱反应。对于双色指示剂用量多少对色调变化有影响，用量太多或太少都使色调变化不鲜明。对于单色指示剂用量多少对色调变化影响不大，但影响变色范围和终点。

b. 温度　温度变化时指示剂常数和水的离子积都会变化，则指示剂的变色范围也随之发生改变。

c. 离子强度　溶液中中性电解质的存在增大了溶液的离子强度，使指示剂的表观解离常数改变，影响指示剂的变色范围。某些盐类具有吸收不同波长光波的性质，也会改变指示剂颜色的深度和色调。

d. 滴定程序　为了达到更好的观测效果，在选择指示剂时还要注意它在终点时的变色情况。例如：酚酞由酸式无色变为碱式红色，易于辨别，适宜在以强碱作滴定剂时使用。同理，用强酸滴定强碱时，采用甲基橙就较酚酞适宜。

④ 混合指示剂　混合指示剂是把两种或两种以上试剂混合，利用它们颜色的互补性，使终点颜色变化更鲜明，变色范围更窄。

混合指示剂通常有两种配制方法：

a. 指示剂＋惰性染料　对于这种混合指示剂，变色范围和终点基本不变，但色调变化更明显。

b. 指示剂＋指示剂　对于这种混合指示剂，变色范围、终点以及色调均发生了改变。混合后的指示剂，色调变化更鲜明，变色范围更窄。

注：混合指示剂在配制时，应严格按比例混合。

2. 滴定曲线

（1）几个概念

① 滴定突跃　在滴定过程中，把计量点附近溶液 pH 值的急剧变化称为滴定突跃。

② 滴定突跃范围　滴定百分率为 99.9%～100.1% 即滴定相对误差为 ±0.1% 时，溶液 pH 值的变化范围。滴定突跃范围是选择指示剂的重要依据。

③ 滴定分数　加入滴定剂和被测组分的物质的量之比，用 a 表示。

④ K_t 称为滴定常数　用来衡量滴定反应的完全程度。

（2）滴定突跃与指示剂选择

① 影响滴定突跃范围的因素　对于强酸强碱，溶液浓度越大，突跃范围越大，可供选择的指示剂越多；浓度越小，突跃范围越小，可供选择的指示剂就越少。当突跃范围小于 0.4pH 时就没有合适的指示剂了。

对于弱酸弱碱的滴定，浓度越大、离解常数越大，则突跃范围就越大，反之则越小。当突跃范围减小至约 0.4pH 时，指示剂就不合适了。

② 指示剂的选择　酸碱指示剂的选择原则是指示剂的变色范围要全部或至少有一部分落在滴定突跃范围内。

例如：强酸强碱的滴定，计量点时溶液呈中性，突跃范围横跨酸性区和碱性区，突跃范围较大，酸性范围内和碱性范围内变色的指示剂都可以考虑选用。

强碱滴定弱酸，计量点时溶液呈弱碱性，突跃范围较小，位于碱性区，碱性范围内变色的指示剂可以考虑选用。

强酸滴定弱碱，计量点时溶液呈弱酸性，突跃范围较小，位于酸性区，酸性范围内变色的指示剂可以考虑选用。

（3）滴定条件

① 强酸强碱准确滴定的条件：$c \geqslant 10^{-4} \text{mol·L}^{-1}$。

② 一元弱酸弱碱准确滴定的条件：$c_a K_a \geqslant 10^{-8}$；$c_b K_b \geqslant 10^{-8}$。

③ 多元酸准确（分步）滴定的条件

对于二元酸：

a. 若 $K_{a_1}/K_{a_2} \geqslant 10^5$，$c_{等} K_{a_2} > 10^{-8}$，能分步滴定，且能滴定到第二步；

b. 若 $K_{a_1}/K_{a_2} \geqslant 10^5$，$c_{\text{等}} K_{a_2} < 10^{-8}$，能分步滴定，但第二步不能滴定；

c. 若 $K_{a_1}/K_{a_2} \leqslant 10^5$，$c_{\text{等}} K_{a_2} > 10^{-8}$，不能分步滴定，只能一次将 H_2A 滴定到 A^{2-}；

d. 若 $K_{a_1}/K_{a_2} \leqslant 10^5$，$c_{\text{等}} K_{a_2} < 10^{-8}$，该二元酸不能被直接滴定。

对于其他多元酸有：

① 当 $c_a K_{a_i} < 10^{-8}$ 时，第 i 级解离的 H^+ 不能准确滴定，没有滴定突跃；

② 当 $c_a K_{a_i} \geqslant 10^{-8}$ 时，若 $K_{a_i}/K_{a_{i+1}} \geqslant 10^5$，则第 i 级解离的 H^+ 可以准确滴定，有滴定突跃；

③ 若 $K_{a_i}/K_{a_{i+1}} < 10^4$，则第 i 级解离的 H^+ 不能准确滴定，没有滴定突跃。

多元碱准确（分步）滴定的条件与多元酸相同。

知识点六　滴定终点误差

由于滴定终点（ep）与化学计量点（sp）不一致所产生的误差，称为终点误差或滴定误差（E_t），常用百分数表示。它不包括滴定操作本身所引起的误差。终点误差的计算总结见表 4-2。

表 4-2　终点误差的计算总结

体系	定义式	林邦公式
强碱滴定强酸	$E_t = \dfrac{[OH^-]_{ep} - [H^+]_{ep}}{c_{HCl}^{sp}} \times 100\%$	$E_t = \dfrac{10^{\Delta pH} - 10^{-\Delta pH}}{\sqrt{K_t c_{\text{强酸}}^{sp}}} \times 100\%$
强酸滴定强碱	$E_t = \dfrac{[H^+]_{ep} - [OH^-]_{ep}}{c_{NaOH}^{sp}} \times 100\%$	$E_t = \dfrac{10^{-\Delta pH} - 10^{\Delta pH}}{\sqrt{K_t c_{\text{强碱}}^{sp}}} \times 100\%$
强碱滴定一元弱酸	$E_t = \dfrac{[OH^-]_{ep} - [HA]_{ep}}{c_{HA}^{sp}} \times 100\%$	$E_t = \dfrac{10^{\Delta pH} - 10^{-\Delta pH}}{\sqrt{K_t c_{HA}^{sp}}} \times 100\%$
强酸滴定一元弱碱	$E_t = \dfrac{[H^+]_{ep} - [A^-]_{ep}}{c_{A^-}^{sp}} \times 100\%$	$E_t = \dfrac{10^{-\Delta pH} - 10^{\Delta pH}}{\sqrt{K_t c_{A^-}^{sp}}} \times 100\%$

知识点七　酸碱滴定法的应用

1. 酸碱标准溶液的配制和标定

酸标准溶液最常用的是 HCl 溶液，标定 HCl 溶液常用的基准物质有无水 Na_2CO_3 和硼砂（$Na_2B_4O_7 \cdot 10H_2O$）。

碱标准溶液最常用的是 NaOH，标定 NaOH 常用邻苯二甲酸氢钾（$KHC_8H_4O_4$）和草酸。

酸碱滴定中 CO_2 影响：用甲基橙或甲基红作指示剂时，CO_2 的影响可忽略不计；若用酚酞作指示剂，CO_2 的影响就不能忽略。

2. 碱和混合碱的分析

碱和混合碱的分析一般是指 NaOH、Na_2CO_3 和 $NaHCO_3$ 三种物质中单一或混合组分的分析。测定混合碱中各组分的含量，通常有双指示剂法和氯化钡法。

(1) 双指示剂法

双指示剂法是指在一份被滴定溶液中先加入一种指示剂，用滴定剂滴定至第一个终点后，再加入另一指示剂，继续滴定至第二个终点。分别根据各终点时所消耗滴定剂的体积和浓度，计算各组分的含量。

用双指示剂法判断混合碱试样的组成：有一碱溶液可能是 $NaOH$、$NaHCO_3$、Na_2CO_3 中的一种或几种物质的混合物，用 HCl 标准溶液滴定，以酚酞为指示剂滴定到终点时消耗 HCl V_1(mL)；继续以甲基橙为指示剂滴定到终点时消耗 HCl V_2(mL)，由以下 V_1 和 V_2 的关系判断该碱溶液的组成。

① $V_1 > 0$，$V_2 = 0$，则为 $NaOH$。

② $V_2 > 0$，$V_1 = 0$，则为 $NaHCO_3$。

③ $V_1 = V_2$，则为 Na_2CO_3。

④ $V_1 > V_2 > 0$，则为 $NaOH + Na_2CO_3$。

⑤ $V_2 > V_1 > 0$，则为 $Na_2CO_3 + NaHCO_3$。

(2) 氯化钡法

准确称取试样 m_s(g) 溶于已除去 CO_2 的蒸馏水中，并稀释至一定体积 V_0(mL)。取两份等体积 V(mL) 试液，向其中一份试液中加入甲基橙指示剂，用 HCl 标准溶液滴定至溶液呈橙红色，消耗 HCl 的体积为 V_1(mL)，此时测定的是总碱量。

$$NaOH + HCl \Longrightarrow NaCl + H_2O$$
$$Na_2CO_3 + 2HCl \Longrightarrow 2NaCl + CO_2 \uparrow + H_2O$$

于另一份试液中加入过量的 $BaCl_2$ 溶液，使 Na_2CO_3 转化为微溶的 $BaCO_3$ 沉淀：

$$BaCl_2 + Na_2CO_3 \Longrightarrow BaCO_3 \downarrow + 2NaCl$$

然后以酚酞作指示剂，用 HCl 标准溶液滴定，消耗 HCl 的体积为 V_2(mL)，根据 V_1、V_2 可判断混合碱成分。

3. 氮的测定

(1) 蒸馏法

a. 方法一：

$$NH_4^+ + OH^+ \xrightarrow{\text{加热}} NH_3 \uparrow + H_2O$$
$$NH_3 + HCl(\text{过量}) \Longrightarrow NH_4Cl$$
$$w_N = \frac{(c_{HCl}V_{HCl} - c_{NaOH}V_{NaOH})M_N}{m_s} \times 100\%$$
$$HCl(\text{过量}) + NaOH \Longrightarrow NaCl + H_2O$$

b. 方法二：

$$NH_4^+ + OH^- \Longrightarrow NH_3 \uparrow + H_2O$$
$$NH_3 + H_3BO_3 \Longrightarrow NH_4^+ + H_2BO_3^-$$
$$H_2BO_3^- + HCl \Longrightarrow Cl^- + H_3BO_3$$
$$w_N = \frac{c_{HCl}V_{HCl}M_N}{m_s} \times 100\%$$

(2) 甲醛法

甲醛与铵盐生成六亚甲基四胺离子，同时放出定量的酸，再以酚酞为指示剂，用 NaOH 标准溶液滴定：

$$4NH_4^+ + 6HCHO \rightleftharpoons (CH_2)_6N_4H^+ + 3H^+ + 6H_2O$$

$$(CH_2)_6N_4H^+ + OH^- \rightleftharpoons (CH_2)_6N_4 + H_2O$$

$$3H^+ + 3OH^- \rightleftharpoons 3H_2O$$

$$n_{NH_4^+} / n_{NaOH} = 1$$

$$w_N = \frac{c_{NaOH}V_{NaOH}M_N}{m_s \times 1000} \times 100\%$$

思考题和习题解答

思考题

1. 根据酸碱质子理论，判断下面各对物质中哪个是酸，哪个是碱？并按酸碱强弱顺序将酸和碱排列。

HAc，Ac^-；NH_3，NH_4^+；HCN，CN^-；HF，F^-；$(CH_2)_6N_4H^+$，$(CH_2)_6N_4$；HCO_3^-，CO_3^{2-}；H_3PO_4，$H_2PO_4^-$。

答 （1）以下物质为酸，根据各共轭酸的解离常数排列：

$$H_3PO_4 > HF > HAc > (CH_2)_6N_4H^+ > HCN > NH_4^+ > HCO_3^-$$

（2）以下物质为碱，根据各共轭碱的解离常数排列：

$$CO_3^{2-} > NH_3 > CN^- > (CH_2)_6N_4 > Ac^- > F^- > H_2PO_4^-$$

2. 根据给定条件，填写下列溶液 [H^+] 或 [OH^-] 的计算公式。

（1）$0.10 mol \cdot L^{-1}$ NH_4Cl 溶液（$pK_a = 9.26$）。$[H^+] = \underline{\sqrt{c_a K_a}}$

（2）$1.0 \times 10^{-4} mol \cdot L^{-1}$ H_3BO_3 溶液（$pK_a = 9.24$）。$[H^+] = \underline{\sqrt{c_a K_a + K_w}}$

（3）$0.10 mol \cdot L^{-1}$ 氨基乙酸盐溶液。$[H^+] = \underline{\sqrt{c_a K_1}}$

（4）$0.1000 mol \cdot L^{-1}$ HCl 滴定 $0.1000 mol \cdot L^{-1}$ Na_2CO_3 至第一化学计量点。

$$[H^+] = \underline{\sqrt{K_{a_1} K_{a_2}}}$$

（5）$0.1000 mol \cdot L^{-1}$ NaOH 滴定 $0.1000 mol \cdot L^{-1}$ H_3PO_4 至第二化学计量点。

$$[H^+] = \underline{\sqrt{K_{a_2} K_{a_3}}}$$

（6）$0.1 mol \cdot L^{-1}$ $HCOONH_4$ 溶液。$[H^+] = \underline{\sqrt{K_a K_a'}}$

（7）$0.10 mol \cdot L^{-1}$ NaAc 溶液（$pK_a = 4.74$）。$[OH^-] = \underline{\sqrt{c_b \dfrac{K_w}{K_a}}}$

（8）$0.10 mol \cdot L^{-1}$ Na_3PO_4 溶液。$[OH^-] = \underline{\sqrt{c_b \dfrac{K_w}{K_{a_3}}}}$

3. 什么叫酸碱缓冲溶液，其组成和有效缓冲范围是什么？

答 酸碱缓冲溶液是一种对溶液酸度起稳定作用的溶液。一般是由浓度较大的弱酸及其共轭碱组成，如 $HAc-Ac^-$、$NH_4^+-NH_3$、$H_2CO_3-HCO_3^-$ 等。高浓度的强酸或强碱溶液也是缓冲溶液，它们主要用于控制高酸度（pH<2）或高碱度（pH>12）。缓冲溶液的有效缓冲范围：$pH = pK_a \pm 1$。

4. 一元弱酸（碱）能被强碱（酸）直接准确滴定的依据是什么？指示剂如何选择，其依据是什么？

答 一元弱酸弱碱准确滴定的条件：$c_a K_a \geqslant 10^{-8}$，$c_b K_b \geqslant 10^{-8}$。

指示剂可依据滴定突跃范围来选择。选择指示剂的一般原则为：变色范围全部或部分落在滴定突跃范围之内；指示剂的变色点尽可能与化学计量点接近，以减小滴定误差；另外，指示剂的颜色变化明显、易于观察，在滴定突跃范围变色的指示剂可使滴定（终点）误差小于 0.1%。

5. 判断多元酸（碱）能否分步滴定的依据是什么？

答 多元酸准确（分步）滴定的条件为（以二元酸为例）：若 $K_{a_1}/K_{a_2} \geqslant 10^5$，$c_{等} K_{a_2} > 10^{-8}$，能分步滴定，且能滴定到第二步；若 $K_{a_1}/K_{a_2} \geqslant 10^5$，$c_{等} K_{a_2} < 10^{-8}$，能分步滴定，但第二步不能滴定；若 $K_{a_1}/K_{a_2} \leqslant 10^5$，$c_{等} K_{a_2} > 10^{-8}$，不能分步滴定，只能一次将 H_2A 滴定到 A^{2-}；若 $K_{a_1}/K_{a_2} \leqslant 10^5$，$c_{等} K_{a_2} < 10^{-8}$，该二元酸不能被直接滴定。

6. 影响指示剂变色范围的因素有哪些？

答 （1）指示剂的用量：指示剂本身都是弱酸或弱碱，也会参与酸碱反应。对于双色指示剂，用量多少对色调变化有影响，用量太多或太少都使色调变化不鲜明。对于单色指示剂，用量多少对色调变化影响不大，但影响变色范围和终点。

（2）温度：温度改变时指示剂常数和水的离子积都会改变，则指示剂的变色范围也随之发生改变。

（3）离子强度：溶液中中性电解质的存在增加了溶液的离子强度，使指示剂的表观离解常数改变，影响指示剂的变色范围。某些盐类具有吸收不同波长光波的性质，也会改变指示剂颜色的深度和色调。

（4）滴定程序：为了达到更好的观测效果，在选择指示剂时还要注意它在终点时的变色情况。例如：酚酞由无色变为红色，易于辨别，适宜在以强碱作滴定剂时使用。同理，用强酸滴定强碱时，采用甲基橙就较酚酞适宜。

7. 为什么 NaOH 标准溶液能直接滴定乙酸，而不能直接滴定硼酸？

答 因为乙酸的 pK_a 为 4.74，满足 $cK_a \geqslant 10^{-8}$ 的准确滴定条件，故可用 NaOH 标准溶液直接滴定；硼酸的 pK_a 为 9.24，不满足 $cK_a \geqslant 10^{-8}$ 的准确滴定条件，故不可用 NaOH 标准溶液直接滴定。

8. 在滴定分析中为什么一般都用强酸（碱）溶液作酸（碱）标准溶液？且酸（碱）标准溶液的浓度不宜太浓或太稀？

答 用强酸或强碱作滴定剂时，其滴定反应为：

$$H^+ + OH^- \Longrightarrow H_2O$$

$$K_t = \frac{1}{[H^+][OH^-]} = \frac{1}{K_w} = 1.0 \times 10^{14} (25℃)$$

此类滴定反应的平衡常数 K_t 相当大，反应进行得十分完全。

但酸（碱）标准溶液的浓度太浓时，会造成浪费；若太稀，终点时指示剂变色不明显，滴定的体积也会增大，致使误差增大。因此酸（碱）标准溶液的浓度均不宜太浓或太稀。

9. 有一可能含有 NaOH、Na_2CO_3 或 $NaHCO_3$ 一种或两种混合物的碱液，用 HCl 溶液滴定，以酚酞为指示剂时，消耗 HCl 的体积为 V_1；再加入甲基橙作指示剂，继续用 HCl 滴定至终点时，又消耗 HCl 的体积为 V_2，当出现下列情况时，溶液各有哪些物质组成？

（1）$V_1 > V_2$，$V_2 > 0$；（2）$V_2 > V_1$，$V_1 > 0$；（3）$V_1 = V_2$；（4）$V_1 = 0$，$V_2 > 0$；（5）$V_1 > 0$，$V_2 = 0$。

答 (1) $V_1 > V_2$，$V_2 > 0$，溶液的组成是 OH^-、CO_3^{2-}；

(2) $V_2 > V_1$，$V_1 > 0$，溶液的组成是 CO_3^{2-}、HCO_3^-；

(3) $V_1 = V_2$，溶液的组成是 CO_3^{2-}；

(4) $V_1 = 0$，$V_2 > 0$，溶液的组成是 HCO_3^-；

(5) $V_1 > 0$，$V_2 = 0$，溶液的组成 OH^-。

10. NaOH 标准溶液如果吸收了空气中的 CO_2，当用来测定某一强酸的浓度，分别用甲基橙或酚酞指示终点时，对测定结果的准确度各有何影响？

答 NaOH 标准溶液如吸收了空气中的 CO_2，会变为 Na_2CO_3，当用酚酞指示终点时，Na_2CO_3 与强酸只能反应得到 $NaHCO_3$，相当于多消耗了 NaOH 标准溶液，此时，测定的强酸的浓度偏高。

如用甲基橙指示终点时，NaOH 标准溶液中的 Na_2CO_3 可与强酸反应生成 CO_2 和水，此时对测定结果的准确度无影响。

习　题

一、选择题

1	2	3	4	5	6	7	8	9	10	11	12	13	14	15
C	D	D	D	B	D	A	A	C	A	B	D	A	A	A

二、填空题

1. HPO_4^{2-}，H_3PO_4，两性物质。

2. 6.80。

3. 滴定突跃范围之内。

4. $K_a c \geq 10^{-8}$，$K_{a_1}/K_{a_2} > 10^5$。

5. 不变、偏高。

6. $[H^+]$，>10，$<1/10$，$1/10 \sim 10$。

7. 弱酸的酸常数或弱碱的碱常数，弱酸弱碱浓度。

8. 偏高。

9. 4.74 ± 1。

10. $8.7 \sim 5.3$。

三、判断题

1	2	3	4	5	6	7	8	9	10
×	×	√	√	√	×	×	×	×	√

四、计算题

1. 写出下列各物质水溶液的质子条件式。

(1) HCOOH；(2) CH(OH)COOH(酒石酸，以 H_2A 表示)；(3) NH_4Cl；
　　　　　　　　　|
　　　　　　　CH(OH)COOH

(4) $NH_4H_2PO_4$；(5) $HAc + H_2CO_3$；(6) A^-（大量）中有浓度为 c_a 的 HA；(7) A^-（大

量）中有浓度为 c_b 的 NaOH；(8) $NaHCO_3$（大量）中有浓度为 c_b 的 Na_2CO_3；(9) NH_4HCO_3；(10) $(NH_4)_2HPO_4$。

解 (1) PBE：$[H^+]=[HCOO^-]+[OH^-]$

(2) PBE：$[H^+]=[HA^-]+2[A^{2-}]+[OH^-]$

(3) PBE：$[H^+]=[NH_3]+[OH^-]$

(4) PBE：$[H^+]+[H_3PO_4]=[OH^-]+[NH_3]+[HPO_4^{2-}]+2[PO_4^{3-}]$

(5) PBE：$[H^+]=[Ac^-]+[HCO_3^-]+2[CO_3^{2-}]+[OH^-]$

(6) PBE：$[H^+]+[HA]-c_a=[OH^-]$

(7) PBE：$[H^+]+[HA]+c_b=[OH^-]$

(8) PBE：$[H^+]+[H_2CO_3]=[OH^-]+[CO_3^{2-}]-c_b$

(9) PBE：$[H^+]+[H_2CO_3]=[NH_3]+[CO_3^{2-}]+[OH^-]$

(10) PBE：$[H^+]+[H_2PO_4^-]+2[H_3PO_4]=[NH_3]+[PO_4^{3-}]+[OH^-]$

2. 试写出 $0.05mol \cdot L^{-1}$ 硼砂标定 $0.1mol \cdot L^{-1}$ HCl 的滴定反应。计算其化学计算点时的 pH 值。并选择合适的指示剂。($K_a=10^{-9.14}$)

解 滴定反应为：$B_4O_7^{2-}+2H^++5H_2O \Longrightarrow 4H_3BO_3$

$$c_{H_3BO_3}=0.05 \times \frac{4}{2}=0.1(mol \cdot L^{-1})$$

$$[H^+]=\sqrt{cK_a}=\sqrt{0.1 \times 10^{-9.14}}=10^{-5.07}(mol \cdot L^{-1})$$

$$pH=5.07$$

应选用甲基红作指示剂。

3. 讨论含有两种一元弱酸（分别为 HA_1 和 HA_2）混合溶液的酸碱平衡问题，推导其 H^+ 浓度计算公式，并计算 $0.10mol \cdot L^{-1}$ NH_4Cl 和 $0.10mol \cdot L^{-1}$ H_3BO_3 混合液的 pH 值。

解 (1) H^+ 浓度计算公式推导：

设 HA_1 和 HA_2 两种一元弱酸的浓度（$mol \cdot L^{-1}$）分别为 c_{HA_1} 和 c_{HA_2}。两种酸的混合液的 PBE 为：

$$[H^+]=[OH^-]+[A_1^-]+[A_2^-]$$

混合液是酸性，忽略水的电离，即 $[OH^-]$ 项可忽略，并代入有关平衡常数式得如下近似式：

$$[H^+]=\frac{[HA_1]K_{HA_1}}{[H^+]}+\frac{[HA_2]K_{HA_2}}{[H^+]}$$

$$[H^+]=\sqrt{[HA_1]K_{HA_1}+[HA_2]K_{HA_2}} \qquad ①$$

当两种酸都较弱，可忽略其解离的影响，即 $[HA_1] \approx c_{HA_1}$，$[HA_2] \approx c_{HA_2}$。则式①简化为：

$$[H^+]=\sqrt{c_{HA_1}K_{HA_1}+c_{HA_2}K_{HA_2}} \qquad ②$$

若两种酸都不太弱，先由式②近似求得$[H^+]$，对式①进行逐步逼近求解。

(2) 计算 $0.10mol \cdot L^{-1}$ NH_4Cl 和 $0.10mol \cdot L^{-1}$ H_3BO_3 混合液的 pH 值：

查表得 $K_{b,NH_3}=1.8 \times 10^{-5}$，则：

$$K_{a,NH_4^+}=K_w/K_{a,NH_3}=1.0 \times 10^{-14}/1.8 \times 10^{-5}=5.6 \times 10^{-10}$$

$$K_{a,H_3BO_3}=5.8 \times 10^{-10}$$

根据公式得：

$$[H^+]=\sqrt{c_{HA_1}K_{HA_1}+c_{HA_2}K_{HA_2}}$$
$$=\sqrt{0.1\times5.6\times10^{-10}+0.1\times5.8\times10^{-10}}$$
$$=1.07\times10^{-5}(mol\cdot L^{-1})$$
$$pH=4.97$$

4. 用 $0.1000mol\cdot L^{-1}$ HCl 滴定 20.00mL $0.1000mol\cdot L^{-1}$ $NH_3\cdot H_2O$。

(1) 计算下列情况时溶液的 pH 值：①滴定前；②加入 10.00mL $0.1000mol\cdot L^{-1}$ HCl；③加入 19.98mL $0.1000mol\cdot L^{-1}$ HCl；④加入 20.00mL $0.1000mol\cdot L^{-1}$ HCl；⑤加入 20.02mL $0.1000mol\cdot L^{-1}$ HCl。

(2) 在此滴定中，化学计量点、滴定突跃的 pH 值各是多少？

(3) 滴定时选用哪种指示剂？滴定终点的 pH 值是多少？

解 (1) $K_b(NH_3\cdot H_2O)=1.8\times10^{-5}$。

① 滴定前，溶液组成为 $NH_3\cdot H_2O$：
$$c/K_b=5587>400$$
$$[OH^-]=\sqrt{cK_b}=\sqrt{0.1000\times1.8\times10^{-5}}=1.338\times10^{-3}(mol\cdot L^{-1})$$
$$pOH=2.87,\ pH=11.13$$

② 此时溶液为 $NH_3\cdot H_2O$-NH_4Cl 缓冲溶液：
$$[NH_3\cdot H_2O]=\frac{c^0_{NH_3}V^0_{NH_3}-c^0_{HCl}V_{HCl}}{V^0_{NH_3}+V_{HCl}}=\frac{0.1000\times20.00-0.1000\times10.00}{20.00+10.00}$$
$$=0.03333(mol\cdot L^{-1})$$
$$[NH_4^+]=\frac{c^0_{HCl}V_{HCl}}{V^0_{NH_3}+V_{HCl}}=\frac{0.1000\times10.00}{20.00+10.00}=0.03333(mol\cdot L^{-1})$$

根据公式
$$[OH^-]=K_b\frac{[NH_3]}{[NH_4^+]}=1.8\times10^{-5}\times\frac{0.03333}{0.03333}=1.8\times10^{-5}(mol\cdot L^{-1})$$
$$pOH=4.75,\ pH=9.25$$

③ 此时溶液仍为 $NH_3\cdot H_2O$-NH_4Cl 缓冲溶液：
$$[NH_3\cdot H_2O]=\frac{c^0_{NH_3}V^0_{NH_3}-c^0_{HCl}V_{HCl}}{V^0_{NH_3}+V_{HCl}}=\frac{0.1000\times20.00-0.1000\times19.98}{20.00+19.98}$$
$$=5.002\times10^{-5}(mol\cdot L^{-1})$$
$$[NH_4^+]=\frac{c^0_{HCl}V_{HCl}}{V^0_{NH_3}+V_{HCl}}=\frac{0.1000\times19.98}{20.00+19.98}=0.04997(mol\cdot L^{-1})$$

根据公式：
$$[OH^-]=K_b\frac{[NH_3]}{[NH_4^+]}=1.8\times10^{-5}\times\frac{5.002\times10^{-5}}{0.04997}=1.8\times10^{-8}(mol\cdot L^{-1})$$
$$pOH=7.75,\ pH=6.25$$

④ 此时溶液组成为 NH_4Cl 溶液，$K_a=5.59\times10^{-10}$。
$$c(NH_4^+)=\frac{c^0_{HCl}V_{HCl}}{V^0_{NH_3}+V_{HCl}}=\frac{0.1000\times20.00}{20.00+20.00}=0.05000(mol\cdot L^{-1})$$
$$[H^+]=\sqrt{cK_a}=\sqrt{0.05000\times5.59\times10^{-10}}=5.287\times10^{-6}(mol\cdot L^{-1})$$
$$pH=5.28$$

⑤ 此时溶液组成为 NH_4Cl 和 HCl 的混合溶液，溶液的 $[H^+]$ 取决于过量的 HCl。

$$[H^+] = \frac{(V_{HCl} - V_{NH_3})c_{HCl}}{V_{HCl} + V_{NH_3}} = \frac{(20.02 - 20.00) \times 0.1000}{20.02 + 20.00} = 4.998 \times 10^{-5} (mol \cdot L^{-1})$$

$$pH = 4.30$$

（2）由上述计算可知：化学计量点的 pH=5.28；滴定突跃：pH 值为 4.30～6.25。

（3）根据此滴定中，化学计量点的 pH=5.28，可选用甲基红作指示剂，其变色点的 pH 值为 5.0，即滴定终点的 pH=5.0。

5. 计算下列缓冲溶液的 pH。

（1）0.10mol·L^{-1}乳酸和 0.10mol·L^{-1}乳酸钠（$K_a = 3.76$）；

（2）0.01mol·L^{-1}邻硝基酚和 0.012mol·L^{-1}邻硝基酚的钠盐（$K_a = 7.21$）。

解 （1）0.10mol·L^{-1}乳酸和 0.10mol·L^{-1}乳酸钠：

$$[H^+] = K_a \frac{c_a}{c_b} = 10^{-3.76} \times \frac{0.10}{0.10} = 10^{-3.76} (mol \cdot L^{-1})$$

$$pH = 3.76$$

由于 $c_a \gg [OH^-] - [H^+]$，且 $c_b \gg [OH^-] - [H^+]$，所以最简式计算是合理的。

（2）0.01mol·L^{-1}邻硝基酚和 0.012mol·L^{-1}邻硝基酚的钠盐：

$$[H^+] = K_a \frac{c_a}{c_b} = 10^{-7.21} \times \frac{0.01}{0.012} = 10^{-7.29} (mol \cdot L^{-1})$$

$$pH = 7.29$$

由于 $c_a \gg [OH^-] - [H^+]$，且 $c_b \gg [OH^-] - [H^+]$，所以最简式计算是合理的。

6. 今欲配制 pH 值为 7.50 的磷酸缓冲液 1L，要求在 50mL 此缓冲液中加入 5.0mL 0.10mol·L^{-1}的 HCl 后 pH 值为 7.10，问应取浓度均为 0.50mol·L^{-1}的 H$_3$PO$_4$ 和 NaOH 溶液各多少毫升（H$_3$PO$_4$ 的 pK_{a_1}、pK_{a_2}、pK_{a_3} 分别是 2.12、7.20、12.36）？

解 在 pH=7.5 时，为 H$_2$PO$_4^-$-HPO$_4^{2-}$ 缓冲液，其浓度分别是 c_a、c_b，根据缓冲溶液 $[H^+]$ 的计算公式：

$$[H^+] = K_{a_2} \frac{c_a}{c_b}$$

则有：

$$10^{-7.50} = 10^{-7.20} \times \frac{c_a}{c_b} \qquad ①$$

$$10^{-7.10} = 10^{-7.20} \times \frac{50c_a + 0.10 \times 5.0}{50c_b - 0.10 \times 5.0} \qquad ②$$

解得： $c_a = 0.015 mol \cdot L^{-1}$，$c_b = 0.030 mol \cdot L^{-1}$

此溶液中： $c_{PO_4^{3-}} = 0.015 + 0.030 = 0.045 (mol \cdot L^{-1})$

$c_{Na^+} = 0.015 + 2 \times 0.030 = 0.075 (mol \cdot L^{-1})$

故： $$V_{H_3PO_4} = \frac{0.045 \times 1000}{0.50} = 90 (mL)$$

$$V_{NaOH} = \frac{0.075 \times 1000}{0.50} = 150 (mL)$$

7. 假如有一邻苯二甲酸氢钾试样，其中邻苯二甲酸氢钾含量约为 90%，其余为不与碱作用的杂质，今用酸碱滴定法测定其含量。若采用浓度为 1.000mol·L^{-1} 的 NaOH 标准溶液滴定，欲控制滴定时碱溶液体积在 25mL 左右，则：

（1）需称取上述试样多少克？

（2）以浓度为 $0.01000\text{mol}\cdot\text{L}^{-1}$ 的碱溶液代替 $1.000\text{mol}\cdot\text{L}^{-1}$ 的碱溶液滴定，重复上述计算。

（3）通过上述（1）（2）计算结果，说明为什么在滴定分析中常采用的滴定剂浓度为 $0.1\sim0.2\text{mol}\cdot\text{L}^{-1}$。

解 滴定反应为：$KHC_8H_4O_4 + NaOH === NaKC_8H_4O_4 + H_2O$

$$n_{NaOH} = n_{KHC_8H_4O_4}$$

$$m_{KHC_8H_4O_4} = c_{NaOH}V_{NaOH}M_{KHC_8H_4O_4}$$

$$m_{试样} = \frac{m_{KHC_8H_4O_4}}{90\%} = \frac{c_{NaOH}V_{NaOH}M_{KHC_8H_4O_4}}{90\%}$$

（1）当 $c_{NaOH} = 1.000\text{mol}\cdot\text{L}^{-1}$ 时：$m_{试样} = \dfrac{1.000 \times 25 \times 10^{-3} \times 204.2}{90\%} \approx 5.7\text{(g)}$

（2）当 $c_{NaOH} = 0.01000\text{mol}\cdot\text{L}^{-1}$ 时：$m_{试样} = \dfrac{0.01000 \times 25 \times 10^{-3} \times 204.2}{90\%} \approx 0.057\text{(g)}$

（3）上述计算结果说明，在滴定分析中，如果滴定剂浓度过高（如 $1\text{mol}\cdot\text{L}^{-1}$），消耗试样量较多，浪费药品。如果滴定剂浓度过低（如 $0.01\text{mol}\cdot\text{L}^{-1}$），则称样量较小，会使相对误差增大，所以通常采用的滴定剂浓度为 $0.1\sim0.2\text{mol}\cdot\text{L}^{-1}$。

8. 用 $0.1000\text{mol}\cdot\text{L}^{-1}$ NaOH 滴定 $0.1000\text{mol}\cdot\text{L}^{-1}$ HA（$K_a = 10^{-6}$），计算：（1）化学计量点的 pH 值；（2）如果滴定终点与化学计量点相差 ±0.5pH 单位，求终点误差。

解 $K_a = 10^{-6}$，$K_b = 10^{-8}$。

（1）化学计量点时溶液组成为 NaA，$c_{NaA} = \dfrac{1}{2}c_{HA} = \dfrac{1}{2} \times 0.1000 = 0.05000\text{(mol}\cdot\text{L}^{-1})$

$$[OH^-] = \sqrt{c_{NaA}K_b} = \sqrt{0.05000 \times 10^{-8}} = 2.236 \times 10^{-5}\text{(mol}\cdot\text{L}^{-1})$$

$$pOH = 4.65, \quad pH = 9.35$$

（2）若终点 $pH = 9.35 - 0.5 = 8.85$，则 $[H^+] = 10^{-8.85}\text{mol}\cdot\text{L}^{-1}$，$[OH^-] = 10^{-5.15}\text{mol}\cdot\text{L}^{-1}$

$$[HA] = \frac{c[H^+]}{[H^+] + K_a} = \frac{0.05000 \times 10^{-8.85}}{10^{-8.85} + 10^{-6}} = 7.053 \times 10^{-5}\text{(mol}\cdot\text{L}^{-1})$$

$$E_t = \frac{2([OH^-] - [H^+] - [HA])}{c_0} \times 100\% = \frac{2 \times (10^{-5.15} - 10^{-8.85} - 7.053 \times 10^{-5})}{0.1000} \times 100\%$$
$$= -0.13\%$$

若终点 $pH = 9.35 + 0.5 = 9.85$，则 $[H^+] = 10^{-9.85}\text{mol}\cdot\text{L}^{-1}$，$[OH^-] = 10^{-4.15}\text{mol}\cdot\text{L}^{-1}$

$$[HA] = \frac{c[H^+]}{[H^+] + K_a} = \frac{0.05000 \times 10^{-9.85}}{10^{-9.85} + 10^{-6}} = 7.062 \times 10^{-6}\text{(mol}\cdot\text{L}^{-1})$$

$$E_t = \frac{2([OH^-] - [H^+] - [HA])}{c_0} \times 100\% = \frac{2 \times (10^{-4.15} - 10^{-9.85} - 7.062 \times 10^{-6})}{0.1000} \times 100\%$$
$$= 0.13\%$$

9. 用 $0.100\text{mol}\cdot\text{L}^{-1}$ HCl 滴定 $0.100\text{mol}\cdot\text{L}^{-1}$ NH_3，计算分别用酚酞（pH=8.5）和用甲基橙作指示剂（pH=4.40）时的终点误差。

解 （1）用酚酞
NH_3 的 $K_b = 1.8 \times 10^{-5}$，$pH_{ep} = 8.50$，$pOH_{ep} = 5.50$

$$E_t = \frac{[H^+]_{ep} - [NH_3]_{ep}}{c_{NH_3}^{sp}} \times 100\% = \left(\frac{[H^+]_{ep}}{c_{NH_3}^{sp}} - \frac{[NH_3]_{ep}}{c_{NH_3}^{sp}}\right) \times 100\%$$

$$= \left(\frac{[H^+]_{ep}}{c_{NH_3}^{sp}} - \delta_{NH_3}^{ep} \right) \times 100\% = \left(\frac{10^{-8.50}}{0.05000} - \frac{10^{-5.5}}{10^{-5.5} + 1.8 \times 10^{-5}} \right) \times 100\%$$

$$= -14.9\%$$

（2）用甲基橙作指示剂时，同理计算：$E_t = 0.08\%$。

也可以用林邦公式计算。

10. 用 Na_2CO_3 作基准物质标定 HCl 溶液的浓度。若以甲基橙作指示剂，称取 Na_2CO_3 0.3524g，用去 HCl 溶液 25.49mL，求 HCl 溶液的浓度。

解 已知 $M(Na_2CO_3) = 106.0$，以甲基橙为指示剂时的反应为：

$$Na_2CO_3 + 2HCl = 2NaCl + CO_2 \uparrow + H_2O$$

则 $n_{HCl} = 2n_{Na_2CO_3}$，即 $c_{HCl}V_{HCl} = 2 \times \dfrac{m_{Na_2CO_3}}{M(Na_2CO_3)}$

$$c_{HCl} = 2 \times \frac{m_{Na_2CO_3}}{M(Na_2CO_3)V_{HCl}} = \frac{2 \times 0.3524}{106.0 \times 25.49} \times 1000 = 0.2608 (mol \cdot L^{-1})$$

11. 称取仅含有 Na_2CO_3 和 K_2CO_3 的试样 1.000g，溶于水后，以甲基橙作指示剂，用 $0.5000 mol \cdot L^{-1}$ HCl 标准溶液滴定，用去 HCl 溶液 30.00mL，分别计算试样中 Na_2CO_3 和 K_2CO_3 的质量分数。

解 已知 $M(Na_2CO_3) = 106.0$，$M(K_2CO_3) = 138.2$，以甲基橙为指示剂时的反应为：

$$Na_2CO_3 + 2HCl = 2NaCl + CO_2 \uparrow + H_2O$$
$$K_2CO_3 + 2HCl = 2KCl + CO_2 \uparrow + H_2O$$

则：

$$\frac{m_{Na_2CO_3}}{M(Na_2CO_3)} + \frac{m_{K_2CO_3}}{M(K_2CO_3)} = \frac{1}{2} \times c_{HCl}V_{HCl}$$

即：

$$\frac{m_{Na_2CO_3}}{106.0} + \frac{m_{K_2CO_3}}{138.2} = \frac{1}{2} \times \frac{0.5000 \times 30.00}{1000} = 7.5 \times 10^{-3} \qquad ①$$

又：

$$m_{Na_2CO_3} + m_{K_2CO_3} = 1.000 \qquad ②$$

联立①、②两方程式，得到：

$$m_{Na_2CO_3} = 0.1202g, \quad m_{K_2CO_3} = 0.8798g$$

所以：

$$w_{Na_2CO_3} = \frac{m(Na_2CO_3)}{m_s} \times 100\% = \frac{0.1202}{1.000} \times 100\% = 12.02\%$$

$$w_{K_2CO_3} = \frac{m_{K_2CO_3}}{m_s} \times 100\% = \frac{0.8798}{1.000} \times 100\% = 87.98\%$$

12. 某试样可能含有 NaOH 或 Na_2CO_3 中的一种，或是它们的混合物，同时还存在惰性杂质。称取试样 0.5895g，用 $0.3000 mol \cdot L^{-1}$ HCl 溶液滴定至酚酞变色时，用去 HCl 溶液 24.08mL。加入甲基橙后继续滴定，又消耗 HCl 溶液 12.02mL。问试样中有哪些组分？各组分的含量是多少？

解 设用酚酞作指示剂，变色时终点消耗 HCl 的体积为 V_1，甲基橙作指示剂，变色时终点消耗 HCl 的体积为 V_2，$V_1 > V_2$，试样组成为 NaOH 和 Na_2CO_3 的混合物。

已知 $M(NaOH) = 40.00$，$M(Na_2CO_3) = 106.0$。

$$w_{NaOH} = \frac{c_{HCl}(V_1 - V_2)M(NaOH)}{m_s} \times 100\% = \frac{0.3000 \times (24.08 - 12.02) \times 40.00}{0.5895 \times 1000} \times 100\%$$

$$= 24.55\%$$

$$w_{Na_2CO_3} = \frac{c_{HCl}V_2M(Na_2CO_3)}{m_s} \times 100\% = \frac{0.3000 \times 12.02 \times 106.0}{0.5895 \times 1000} \times 100\% = 64.84\%$$

13. 以 $0.1348mol \cdot L^{-1}$ HCl 溶液滴定某一 Na_2CO_3 与 $NaHCO_3$ 的混合物 $0.3729g$，用酚酞指示终点时耗去指示剂 $21.36mL$，再以甲基橙指示终点时，还需要多少毫升的 HCl 溶液，并求 Na_2CO_3 与 $NaHCO_3$ 的质量分数。

解 (1) 当用酚酞作指示剂时，只有 Na_2CO_3 与 HCl 反应，$n(Na_2CO_3) = n(HCl)$。

$$m(Na_2CO_3) = 0.1348 \times 21.36 \times 10^{-3} \times 106.0 = 0.3052(g)$$
$$m(NaHCO_3) = 0.3729 - 0.3052 = 0.0677(g)$$

当滴至甲基橙变色时，Na_2CO_3 消耗 HCl：$21.36 \times 2 = 42.72(mL)$

$NaHCO_3$ 消耗 HCl：$\dfrac{0.0677}{84.01 \times 0.1348} = 5.98(mL)$

共消耗 HCl：$42.72 + 5.98 = 48.70(mL)$

(2) Na_2CO_3 质量分数：$\dfrac{0.3052}{0.3729} \times 100\% = 81.84\%$

$NaHCO_3$ 质量分数：$\dfrac{0.0677}{0.3729} \times 100\% = 18.16\%$

14. 用 $0.1mol \cdot L^{-1}$ NaOH 滴定 $0.1mol \cdot L^{-1}$ H_3PO_4。试判断有几个突跃？分别计算其各化学计量点时的 pH 值，并选择合适指示剂（H_3PO_4 的 $pK_{a_1} \sim pK_{a_3}$ 分别是 2.12、7.20、12.36）。

解 $pK_{a_2} - pK_{a_1} > 5$，H_3PO_4 被滴定至 $H_2PO_4^-$ 时出现第一个突跃。

又因 $pK_{a_3} - pK_{a_2} > 5$，$H_2PO_4^-$ 进一步滴定至 HPO_4^{2-} 时，出现第二个突跃。

但因 $c_{HPO_4^{2-}} \cdot K_{a_3} < 10^{-8}$，$HPO_4^{2-}$ 不能继续被滴定，所以用 $0.1mol \cdot L^{-1}$ NaOH 滴定 $0.1mol \cdot L^{-1}$ H_3PO_4 的滴定曲线只有两个突跃。

第一个化学计量点：$pH = \dfrac{1}{2}(pK_{a_2} + pK_{a_1}) = \dfrac{7.21 + 2.12}{2} = 4.66$

可选用甲基橙作指示剂。

第二个化学计量点：$pH = \dfrac{1}{2}(pK_{a_3} + pK_{a_2}) = \dfrac{12.36 + 7.21}{2} = 9.78$

可选用酚酞作指示剂。

15. 面粉和小麦中粗蛋白质含量是将氮含量乘以 5.7 而得到的（不同物质有不同系数），$2.449g$ 面粉经消化后，用 NaOH 处理，蒸出的 NH_3 以 $100.0mL$ $0.01086mol \cdot L^{-1}$ HCl 溶液吸收，需用 $0.01228mol \cdot L^{-1}$ NaOH 溶液 $15.30mL$ 回滴，计算面粉中粗蛋白质的质量分数。

解 粗蛋白质含量 $= \dfrac{(0.01086 \times 100.0 \times 10^{-3} - 0.01228 \times 15.30 \times 10^{-3}) \times 5.7 \times 14.01}{2.449} \times 100\%$

$\qquad = 2.93\%$

第5章

配位滴定法

本章需要掌握配位平衡中各级配合物的分布及平衡浓度的有关计算，重点掌握用副反应系数处理配位平衡的方法，掌握配位滴定法的基本原理，并了解配位滴定的应用。

知识点总结

知识点一　概　　述

配位滴定法是以形成配合物的反应为基础的滴定分析方法。常用的配位滴定剂是EDTA。

EDTA全称为乙二胺四乙酸，常用 H_4Y 表示，其结构式为：

$$HOOCCH_2 \underset{HOOCCH_2}{\overset{}{N}} - CH_2 - CH_2 - \underset{CH_2COOH}{\overset{CH_2COOH}{N}}$$

EDTA是一种白色粉末，由于其在水中溶解度较小，常把它制成二钠盐，一般简称为EDTA二钠盐，用 $Na_2H_2Y \cdot 2H_2O$ 表示，EDTA二钠盐的溶解度较大，22℃时每100mL水可溶解11.1g。此溶液的浓度约为 $0.3mol \cdot L^{-1}$，pH值约为4.4。

由于EDTA具有配位能力很强、能与大多数金属离子形成易溶于水的稳定配合物、组成比为1:1、反应较迅速、无分级配位现象、溶液中体系简单、计算方便等优点，EDTA滴定法已在实际分析工作中得到了广泛应用。

知识点二　基　本　原　理

一、配位平衡

1. 几个概念

（1）稳定常数、累积稳定常数

金属离子与 EDTA 的反应通式为：

$$M + Y \rightleftharpoons MY \qquad K_{MY} = \frac{[MY]}{[M][Y]} \qquad \text{稳定常数}$$

金属离子与其他配位剂 L 的逐级反应：

$$M + L \rightleftharpoons ML \qquad K_{稳_1} = \frac{[ML]}{[M][L]} \qquad \text{第一级稳定常数}$$

$$ML + L \rightleftharpoons ML_2 \qquad K_{稳_2} = \frac{[ML_2]}{[ML][L]} \qquad \text{第二级稳定常数}$$

$$\vdots \qquad\qquad \vdots$$

$$ML_{n-1} + L \rightleftharpoons ML_n \qquad K_{稳_n} = \frac{[ML_n]}{[ML_{n-1}][L]} \qquad \text{第} n \text{级稳定常数}$$

将逐级稳定常数依次相乘，得到各级累积稳定常数 β：

$$M + L \rightleftharpoons ML \qquad \beta_1 = \frac{[ML]}{[M][L]} = K_{稳_1}$$

$$ML + L \rightleftharpoons ML_2 \qquad \beta_2 = \frac{[ML_2]}{[M][L]^2} = K_{稳_1} K_{稳_2}$$

$$\vdots \qquad\qquad \vdots$$

$$ML_{n-1} + L \rightleftharpoons ML_n \qquad \beta_n = \frac{[ML_n]}{[M][L]^n} = K_{稳_1} K_{稳_2} \cdots K_{稳_n}$$

$$\beta_n = \prod_{i=1}^{n} (K_{稳_i})$$

取对数得：

$$\lg\beta_n = \sum_{i=1}^{n} (\lg K_{稳_i}) \tag{5-1}$$

（2）配合物的分布分数

在配位平衡处理中常涉及各级配合物的浓度，同处理酸碱平衡类似，在处理配位平衡时，也要考虑配体的浓度对配合物各级存在形式分布的影响。

由分布分数 δ 的定义，可得：

$$\delta_M = \frac{[M]}{c_M} = \frac{[M]}{[M](1 + \sum_{i=1}^{n} \beta_i [L]^i)} = \frac{1}{(1 + \sum_{i=1}^{n} \beta_i [L]^i)}$$

$$\delta_{ML} = \frac{[ML]}{c_M} = \frac{\beta_1 [M][L]}{[M](1 + \sum_{i=1}^{n} \beta_i [L]^i)} = \frac{\beta_1 [L]}{(1 + \sum_{i=1}^{n} \beta_i [L]^i)}$$

$$\vdots \qquad\qquad \vdots$$

$$\delta_{ML_n} = \frac{[ML_n]}{c_M} = \frac{\beta_n [M][L]^n}{[M](1 + \sum_{i=1}^{n} \beta_i [L]^i)} = \frac{\beta_n [L]^n}{(1 + \sum_{i=1}^{n} \beta_i [L]^i)} \tag{5-2}$$

由此可见，配合物各存在形式的分布分数 δ 仅仅是配体平衡浓度 $[L]$ 的函数，与 c_M 无关。

（3）配合物的平衡配位数

平衡配位数 $\bar{n}$（又称生成函数）表示金属离子结合配体的平均数。设金属离子的总浓度为 c_M，配体的总浓度为 c_L，配体的平衡浓度为 $[L]$，则：

$$\overline{n} = \frac{c_L - [L]}{c_M} = \frac{\sum\limits_{i=1}^{n} i\,\beta_i [L]^i}{1 + \sum\limits_{i=1}^{n} \beta_i [L]^i} \tag{5-3}$$

由上式可见 $\overline{n}$ 仅是 [L] 的函数。

2. 副反应系数

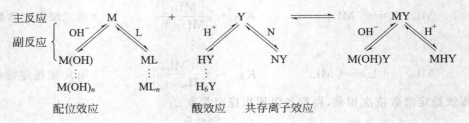

配位效应　　　　　　　酸效应　　共存离子效应

（1）配位剂 Y 的副反应系数 α_Y

① 酸效应系数 $\alpha_{Y(H)}$　　在水溶液中，EDTA 有 H_6Y^{2+}、H_5Y^+、H_4Y、H_3Y^-、H_2Y^{2-}、HY^{3-} 和 Y^{4-} 等七种存在形体，真正能与金属离子配位的是 Y^{4-}。设 [Y] 为 Y^{4-} 的浓度，[Y′] 为未与 M 配位的 EDTA 各种存在型体的总浓度：

$$\alpha_{Y(H)} = \frac{[Y']}{[Y]} = \frac{[Y] + [HY] + [H_2Y] + \cdots + [H_6Y]}{[Y]} = 1 + \frac{[H^+]}{K_{a_6}} + \frac{[H^+]^2}{K_{a_6}K_{a_5}} + \cdots + \frac{[H^+]^6}{K_{a_6}K_{a_5}\cdots K_{a_1}}$$

同样，根据溶液中 H^+ 浓度和 EDTA 的质子化常数也可以计算 $\alpha_{Y(H)}$，公式如下：

$$\begin{aligned}
\alpha_{Y(H)} &= 1 + K_1^H[H^+] + K_1^H K_2^H[H^+]^2 + \cdots + K_1^H K_2^H \cdots K_6^H[H^+]^6 \\
&= 1 + \beta_1^H[H^+] + \beta_2^H[H^+]^2 + \cdots + \beta_6^H[H^+]^6 \\
&= 1 + \sum_{i=1}^{6} \beta_i^H[H^+]^i
\end{aligned} \tag{5-4}$$

式（5-4）中，$\alpha_{Y(H)}$ 为配位剂与 H^+ 的副反应系数，由于 $\alpha_{Y(H)}$ 是 [H^+] 的函数，故又称为酸效应系数。

其他有酸式解离的配体也可按上述类似方法计算其酸效应系数。设配体 L 可形成的最高级酸为 H_nL，其酸效应计算公式为：

$$\alpha_{L(H)} = 1 + \sum_{i=1}^{n} \beta_i^H[H^+]^i \tag{5-5}$$

在实际应用中，常将 EDTA 在不同 pH 时的 $\lg\alpha_{Y(H)}$ 绘成 pH-$\lg\alpha_{Y(H)}$ 曲线使用，此曲线称为酸效应曲线（图 5-1）。

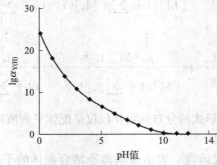

图 5-1　EDTA 的酸效应曲线

可见，随着 pH 值降低 $\alpha_{Y(H)}$ 增大，副反应程度大；当 pH $\geqslant 12$ 时，$[Y] \approx [Y']$，$\alpha_{Y(H)} \approx 1$，几乎无副反应发生。

② 共存离子效应系数 $\alpha_{Y(N)}$　当溶液中存在其他离子 N 时，Y 与 N 发生副反应，由于 N 的存在使 Y 参加主反应能力降低的现象称为共存离子效应，其大小用共存离子效应系数 $\alpha_{Y(N)}$ 表示。设只考虑共存离子的影响：

主反应：

$$M + Y \Longrightarrow MY \qquad K_{MY} = \frac{[MY]}{[M][Y]}$$

副反应：

$$\| N$$

$$NY \qquad K_{NY} = \frac{[NY]}{[N][Y]}$$

$$\alpha_{Y(N)} = \frac{[Y']}{[Y]} = \frac{[Y] + [NY]}{[Y]} = 1 + K_{NY}[N] \tag{5-6}$$

若有多种共存离子 N_1、$N_2 \cdots N_n$ 存在，则：

$$\alpha_{Y(N)} = \frac{[Y']}{[Y]} = \frac{[Y] + [N_1 Y] + [N_2 Y] + \cdots + [N_n Y]}{[Y]}$$

$$= 1 + K_{N_1 Y}[N_1] + K_{N_2 Y}[N_2] + \cdots + K_{N_n Y}[N_n]$$

$$= \alpha_{Y(N_1)} + \alpha_{Y(N_2)} + \cdots + \alpha_{Y(N_n)} - (n-1)$$

若同时考虑酸效应和共存离子效应，则总的副反应系数：

$$\alpha_Y = \alpha_{Y(H)} + \alpha_{Y(N)} - 1$$

当 $\alpha_{Y(H)}$ 与 $\alpha_{Y(N)}$ 相差几个数量级时，可以只考虑一项。

（2）金属离子 M 的副反应系数 α_M

当溶液中存在其他配位剂 L 时，M 与 L 发生副反应，由于 L 的存在使 M 参加主反应能力降低的现象称为配位效应，其大小用配位效应系数 $\alpha_{M(L)}$ 表示。设 $[M]$ 为游离金属离子的浓度，$[M']$ 为 M 未与 Y 配位的 M 各种存在型体的总浓度：

$$\alpha_{M(L)} = \frac{[M']}{[M]} = \frac{[M] + [ML] + [ML_2] + \cdots + [ML_n]}{[M]}$$

$$= \frac{[M] + \beta_1[M][L] + \beta_2[M][L]^2 + \cdots + \beta_n[M][L]^n}{[M]} = 1 + \sum_{i=1}^{n} \beta_i [L]^i$$

若溶液中有 n 种配体（L_1、L_2、L_3、$\cdots$、L_n）同时与金属离子 M 发生副反应，则 M 的总反应系数 α_M 为：

$$\alpha_M = \alpha_{M(L_1)} + \alpha_{M(L_2)} + \cdots + \alpha_{M(L_n)} - (n-1)$$

溶液中存在的 OH^- 也是一种配体，它可与多种金属离子形成氢氧基配合物，在碱性溶液中，其影响往往不能忽略。这种影响通常也称为水解反应，用副反应系数 $\alpha_{M(OH)}$ 表示为：

$$\alpha_{Y(OH)} = \frac{[M] + [MOH] + \cdots + [M(OH)_n]}{[M]}$$

$$= 1 + \beta_1[OH^-] + \beta_2[OH^-]^2 + \cdots + \beta_n[OH^-]^n$$

$$= 1 + \sum_{i=1}^{n} \beta_i^H [OH^-]^i$$

若 M 同时与 L_1、L_2、L_3、$\cdots$、L_n、OH^- 发生副反应，则：

$$\alpha_M = \alpha_{M(OH)} + \alpha_{M(L_1)} + \alpha_{M(L_2)} + \cdots + \alpha_{M(L_n)} - n$$

（3）配合物 MY 的副反应系数 α_{MY}

在较高酸度下，MY 能与 H^+ 发生副反应，生成酸式配合物 MHY；在较高碱度下，MY 能与 OH^- 发生副反应，生成碱式配合物 $M(OH)Y$。此两种副反应均使主反应能力增强，其大小分别用副反应系数 $\alpha_{MY(H)}$ 和 $\alpha_{MY(OH)}$ 表示。

$$K_{MHY} = \frac{[MHY]}{[MY][H^+]} \qquad K_{M(OH)Y} = \frac{[M(OH)Y]}{[MY][OH^-]}$$

$$\alpha_{MY(H)} = \frac{[MY']}{[MY]} = \frac{[MY] + [MHY]}{[MY]} = 1 + K_{MHY}[H^+]$$

$$\alpha_{MY(OH)} = \frac{[MY']}{[MY]} = \frac{[MY] + [M(OH)Y]}{[MY]} = 1 + K_{M(OH)Y}[OH^-]$$

3. 条件稳定常数

在没有副反应发生时，M 与 Y 反应进行的程度可用稳定常数 K_{MY} 表示，K_{MY} 值越大，配合物越稳定。但实际上由于副反应的存在，K_{MY} 值已不能反映主反应进行的程度，因此，引入条件稳定常数表示有副反应发生时主反应进行的程度。

稳定常数：$K_{MY} = \dfrac{[MY]}{[M][Y]}$

条件稳定常数：$K'_{MY} = \dfrac{[MY']}{[M'][Y']}$

$$[M'] = \alpha_M[M], \quad [Y'] = \alpha_Y[Y], \quad [MY'] = \alpha_{MY}[MY]$$

则：

$$K'_{MY} = \frac{[MY']}{[M'][Y']} = \frac{\alpha_{MY}[MY]}{\alpha_M[M]\alpha_Y[Y]} = K_{MY}\frac{\alpha_{MY}}{\alpha_M\alpha_Y}$$

取对数，得：

$$\lg K'_{MY} = \lg K_{MY} - \lg\alpha_M - \lg\alpha_Y + \lg\alpha_{MY} \tag{5-7}$$

由此可知，M 和 Y 的副反应会使条件稳定常数减小，而 MY 的副反应则使条件稳定常数增大。在一定条件下，α_M、α_Y 和 α_{MY} 均为定值，因此 K'_{MY} 是常数，它是用副反应系数校正后的实际稳定常数。因 α_{MY} 在多数计算中可忽略不计，则：

$$K'_{MY} = \frac{[MY]}{[M'][Y']} = \frac{[MY]}{\alpha_M[M]\alpha_Y[Y]} = K_{MY}\frac{1}{\alpha_M\alpha_Y}$$

取对数得：

$$\lg K'_{MY} = \lg K_{MY} - \lg\alpha_M - \lg\alpha_Y \tag{5-8}$$

根据以上公式，依据条件，可进一步适当化简。若金属离子 N 对 Y 的影响和配体 L 对 M 的影响（包括水解效应）均可忽略或不存在共存离子和其他配体，即仅考虑 EDTA 的酸效应，则有：

$$K'_{MY} = \frac{[MY]}{[M][Y']} = \frac{[MY]}{[M]\alpha_{Y(H)}[Y]} = K_{MY}\frac{1}{\alpha_{Y(H)}}$$

取对数得：

$$\lg K'_{MY} = \lg K_{MY} - \lg\alpha_{Y(H)} \tag{5-9}$$

配位平衡体系中条件常数与各组分是否有副反应有关。在实际应用中要根据某组分例如金属离子或配位剂是否有副反应而具体讨论。

二、配位滴定曲线

1. 滴定曲线

由于副反应的存在，在配位滴定过程中 pM 的计算比较复杂，需要分别讨论。

2. 化学计量点时的 pM′ 计算

设用等浓度的 EDTA 滴定金属离子 M，则：

条件稳定常数：$K'_{MY} = \dfrac{[MY']}{[M'][Y']}$

化学计量点时：$[M'] = [Y']$ $\qquad c_{M(sp)} = \dfrac{1}{2} c_M$

$$[MY'] \approx [MY] \qquad [MY] = c_{M(sp)} - [M'] \approx c_{M(sp)}$$

有 $\qquad K'_{MY} = \dfrac{c_{M(sp)}}{[M']^2} \qquad [M'] = \sqrt{\dfrac{c_{M(sp)}}{K'_{MY}}} \qquad pM'_{sp} = 1/2(pc_{M(sp)} + \lg K'_{MY})$

3. 影响配位滴定 pM 突跃的主要因素

配位滴定时，浓度一定时，K'_{MY} 越大，滴定突跃越大；当 K'_{MY} 值一定时，浓度越大，滴定突跃越大。

三、金属指示剂

1. 金属指示剂的作用原理

铬黑 T 为例：

终点前： $\qquad\qquad\qquad$ Mg ＋ In $=\!=\!=$ MgIn(红)

滴定中： $\qquad\qquad\qquad$ Mg ＋ Y $=\!=\!=$ MgY

(EBT) 终点时： $\qquad$ MgIn ＋ Y $=\!=\!=$ MgY ＋ In(蓝)

(1) 金属指示剂应具备的条件：

① MIn 与 In 的颜色有明显区别；

② $K'_{MY} > K'_{MIn}$，一般要求 $K'_{MY}/K'_{MIn} > 10^2$；

③ 金属离子指示剂与离子之间的反应要灵敏、迅速、可逆；

④ 金属离子指示剂应比较稳定、易溶于水，便于保存和使用。

(2) 指示剂的封闭现象

$K'_{MY} < K'_{MIn}$，使指示剂在化学计量点附近不能变色，或变色不敏锐。例如 Fe^{3+}、Al^{3+}、Cu^{2+}、Co^{2+}、Ni^{2+} 等对铬黑 T 有封闭作用。消除方法：可加入掩蔽来掩蔽能封闭指示剂的离子或更换指示剂。

(3) 指示剂的僵化

指示剂或指示剂-金属离子配合物溶解度较小，使得指示剂与滴定剂的置换速速缓慢，使终点拖长，称为指示剂的僵化。消防方法：可加入适当有机溶剂或加热以增大溶解度。

2. 金属指示剂的选择

如果金属离子 (M) 与金属离子指示剂 (In) 形成 1∶1 配合物：

$$
\begin{array}{ccc}
\text{M} & + & \text{In} =\!=\!= \text{MIn} \\
\| \text{L} & & \| \text{H} \\
\text{ML} & & \text{HIn} \\
\vdots & & \vdots \\
\text{ML}_n & &
\end{array}
$$

MIn 的稳定常数为：

$$K_{MIn} = \frac{[MIn]}{[M][In]}$$

若考虑 M 和 In 的副反应，则有：

$$\lg K'_{MIn} = \frac{[MIn]}{[M'][In']} = \frac{[MIn]}{\alpha_M[M]\alpha_{MIn}[In]} = \frac{K_{MIn}}{\alpha_M\alpha_{MIn}}$$

式中，α_M 为 M 的副反应系数；$\alpha_{In(H)}$ 为金属离子指示剂的酸效应系数。上式取对数得：

$$\lg K'_{MIn} = pM' + \lg\frac{[MIn]}{[In']} = \lg K_{MIn} - \lg\alpha_{In(H)} - \lg\alpha_M \tag{5-10}$$

与酸碱指示剂类似，当 $[MIn] = [In']$ 时，溶液呈现 MIn 和 In 的混合色，此时即是指示剂的变色点：

$$pM_t = pM'_{ep} = \lg K'_{MIn} = \lg K_{MIn} - \lg\alpha_{In(H)} - \lg\alpha_M \tag{5-11}$$

忽略 M 的副反应，则：

$$pM_t = pM'_{ep} = \lg K'_{MIn} = \lg K_{MIn} - \lg\alpha_{In(H)} \tag{5-12}$$

可见，金属指示剂的变色点是不确定的，随 pH 而改变。选择金属指示剂时，应使 pM'_t 与 pM'_{sp} 尽量一致，至少应在化学计量点附近的 pM' 突跃范围内。

3. 常用金属指示剂

常用的金属指示剂有铬黑 T(pH＝7～10)、二甲酚橙（pH＜6，Al^{3+} 封闭，采用返滴定法测 Al^{3+}）、PAN、钙指示剂等。

四、滴定终点误差

配位滴定误差是由于滴定终点和化学计量点不一致造成的。对于配合反应，在化学计量点时，应有 $[M']_{sp} = [Y']_{sp}$；在滴定终点时，由于过量或不足量的 Y 存在，则 $[M']_{ep}$ 与 $[Y']_{ep}$ 不相等，则表明存在终点误差。由此，终点误差的计算公式为：

$$E_t = \frac{[Y']_{ep} - [M']_{ep}}{c_M^{sp}} \times 100\% \tag{5-13}$$

林邦误差公式：

$$E_t = \frac{10^{\Delta pM'} - 10^{-\Delta pM'}}{\sqrt{K'_{MY}c_M^{sp}}} \times 100\% \tag{5-14}$$

由此公式可知，终点误差不仅与 K'_{MY} 有关，还与 c_M^{sp}、$\Delta pM'$ 有关。K'_{MY} 越大、c_M^{sp} 越大，终点误差越小；$\Delta pM'$ 越小，终点误差越小。即 MY 的条件稳定常数越大、M 的初始浓度越大，终点与化学计量点越接近（$\Delta pM'$ 越小），终点误差越小。

滴定条件的确定取决于允许的滴定误差和检测终点的准确度，假设 $\Delta pM' = \pm 0.2$，要求 $|E_t| \leqslant 0.1\%$，则判断能否准确滴定的条件为：

$$\lg(K'_{MY}c_M^{sp}) \geqslant 6，即 K'_{MY}c_M^{sp} \geqslant 10^6 \tag{5-15}$$

若 $c_{M等} = 0.010mol \cdot L^{-1}$，则 $\lg K'_{MY} \geqslant 8$。

知识点三　滴定条件的选择

一、单一离子滴定的酸度选择

由林邦误差公式可知，当 c_M^{sp}、$\Delta pM'$ 和 E_t 一定时，K'_{MY} 就必须大于某一数值，否则就会超过规定的允许误差。假设配位反应中除 EDTA 的酸效应和 M 的羟基配位效应外，没有其他副反应，则：

$$\lg K'_{MY} = \lg K_{MY} - \lg \alpha_{Y(H)} - \lg \alpha_{M(OH)}$$

变形得：

$$\lg \alpha_{Y(H)} = \lg K_{MY} - \lg K'_{MY} - \lg \alpha_{M(OH)} \qquad (5\text{-}16)$$

在较高酸度下，$\lg \alpha_{M(OH)}$ 很小，可忽略不计，则上式为：$\lg K'_{MY} = \lg K_{MY} - \lg \alpha_{Y(H)}$

随着 pH 减小，$\lg \alpha_{Y(H)}$ 增大，可得到最高酸度。查 $\lg \alpha_{Y(H)}$-pH 曲线或表，得 pH_{min}。

随着 pH 增大，$\lg \alpha_{M(OH)}$ 也增大或生成 $M(OH)_n$ 沉淀。$[OH^-] = \sqrt[n]{\dfrac{K_{sp}}{[M^{n+}]}}$，据此可得最低酸度：

$$pOH = \frac{1}{n}(pK_{sp} + \lg c_M) \text{ 或 } pH = 14.00 - \frac{1}{n}(pK_{sp} + \lg c_M) \qquad (5\text{-}17)$$

在配位滴定中，要控制酸度，使 pM_t 与 pM_{sp} 接近，获得最佳酸度，同时需要考虑指示剂的变色点的酸度范围。配位滴定中，酸度是不断增大的，常用缓冲液以控制酸度。使用氨性缓冲液时应考虑配位效应。

二、混合离子的选择性滴定

1. 控制酸度进行分步滴定

M、N 共存时，欲准确滴定 M，仍需要根据 $\lg(K'_{MY} c_M^{sp}) \geqslant 6$ 和 c_M^{sp} 计算出 $\lg K'_{MY}$ 的最低值：

$$\lg K'_{MY} = \lg K_{MY} - \lg \alpha_{Y(H)} - \lg \alpha_M$$

若 M 的副反应可忽略时，则：

$$\alpha_Y = \alpha_{Y(H)} + \alpha_{Y(N)} - 1$$

若 $\alpha_Y \geqslant 20 \alpha_{Y(N)}$，说明共存离子的影响可以忽略，与 M 单独存在时情况相同，此时 $\alpha_{Y(H)} = \alpha_Y$，对应的 pH 即为滴定允许的最低 pH。

若 $\alpha_{Y(N)}$ 大于或等于允许的 α_Y 最大值时，说明 N 与 Y 的副反应很严重（即 N 严重干扰 M 的准确滴定），无法找到符合准确滴定 M 所要求的 pH 范围。

若 $\alpha_{Y(N)} < \alpha_Y \leqslant 20 \alpha_{Y(N)}$，在化学计量点时：

$$\alpha_{Y(H)} = \alpha_Y - \alpha_{Y(N)} + 1 = \alpha_Y - K_{NY}[N]_{sp}$$

其对应的 pH 即为准确滴定 M 允许的最低 pH。

与滴定单一离子相同，滴定允许的最高 pH 由 $M(OH)_n$ 的水解酸度决定，但应注意此时共存离子不应与所用指示剂显色。

与滴定单一金属离子相同，应用指示剂确定混合离子选择性滴定的终点时，$pM'_{ep} = pM'_{sp}$ 时溶液的 pH 称为最佳 pH，能满足准确要求的 pH 范围称为最佳 pH 范围。

2. 使用掩蔽剂

（1）配位掩蔽法

掩蔽反应的配位效应系数 $\alpha_{N(L)}$ 可按下式计算：

$$\alpha_{N(L)} = \frac{[N']}{[N]} = \frac{[N]+[NL]+\cdots+[NL_n]}{[N]} = 1 + \beta_1[L] + \beta_2[L]^2 + \cdots + \beta_n[L]^n$$

即：

$$\alpha_{N(L)} = \sum_{i=1}^{n} \beta_i[L]^i$$

$$\alpha_{N(L)} = \frac{[N]'}{[N]}$$

由溶液中 N 的总浓度为 c_N，得：

$$[N] = \frac{[N]'}{\alpha_{N(L)}} \approx \frac{c_N}{\alpha_{N(L)}}$$

干扰离子 N 的副反应 $\alpha_{Y(N)}$ 由下面公式计算：

$$\alpha_{Y(N)} = 1 + K_{NY}[N] = 1 + K_{NY}\frac{c_N}{\alpha_{N(L)}}$$

当 $\alpha_{Y(N)} \geqslant \alpha_{Y(H)}$，在化学计量点附近，则有：

$$lgK'_{MY} = lgK_{MY} - lg(\alpha_{Y(H)} + \alpha_{Y(N)} - 1)$$
$$\approx lgK_{MY} - lg\alpha_{Y(N)}$$
$$= lgK_{MY} - lgK_{NY} - lgc_N^{sp} + lg\alpha_{N(L)}$$

即： $$lgK'_{MY} = \Delta lgK - c_N^{sp} = lgK_{MY} - lgK_{NY} - lgc_N^{sp} \qquad (5\text{-}18)$$

据求得的 lgK'_{MY} 就可根据 $lg(c_M^{sp}K'_{MY}) \geqslant 6$，判断滴定 M 金属离子的可行性。

（2）沉淀掩蔽法

向溶液中加沉淀剂，利用沉淀反应使干扰离子 N 形成难溶化合物，其平衡浓度 [N] 降低，如此在不分离沉淀的情况下直接滴定 M，这种消除干扰的方法称为沉淀掩蔽法。

（3）氧化还原掩蔽法

利用氧化还原反应消除干扰的方法称为氧化还原掩蔽法。这种方法是通过改变金属离子的价态，使其与 EDTA 配合的稳定常数减小，以达到增大其与共存离子之间的作用，满足滴定分析的要求。

3. 使用其他配位滴定剂

以 EDTA 为滴定剂时，若不能满足滴定的要求，还可通过使用其他的氨羧配位剂如 EGTA、EDTP 等实现选择性滴定。

知识点四　配位滴定方式及其应用

1. 标准溶液

EDTA 的标准溶液常用 EDTA 二钠盐配制。EDTA 二钠盐是白色微晶粉末，易溶于水，但需要提纯后才能作为基准物质，实验室常用间接法配制并标定。

标定 EDTA 的基准物质有纯金属 Cu、Zn、Pb、Cd、Fe 等，金属氧化物 ZnO、Bi_2O_3、MgO 等，某些盐类 $CaCO_3$、$ZnSO_4 \cdot 7H_2O$、$MgSO_4 \cdot 7H_2O$ 等。为了减少误差，提高测定的准确度，标定条件和测定条件应尽可能接近，一般选用待测元素的纯金属或其化合物作为基准物质。标定后的 EDTA 存放于聚乙烯塑料瓶或硬质玻璃瓶中，若储存在软质玻璃瓶中，EDTA 会溶解玻璃中的 Ca^{2+} 形成 CaY，使溶液浓度降低。

2. 配位滴定方式

（1）直接滴定

直接滴定是将试样制备成溶液后，用适宜的缓冲体系调节至所需 pH，加入其他必要的试剂和指示剂，直接用 EDTA 滴定。

（2）返滴定

返滴定是先在试液中加入一定量且过量的 EDTA 标准溶液，然后用另一金属离子的标准溶液（返滴定剂）滴定过量的 EDTA，根据两种标准溶液的浓度和用量，即可求得被测物质的含量。

（3）置换滴定

利用置换反应，置换出另一金属离子或 EDTA，然后进行滴定的方式称为置换滴定。

（4）间接滴定

有时某一金属离子或非金属离子不与 EDTA 发生配位反应或生成的配合物不稳定，这时可采用间接滴定方式，通常是加入过量的能与 EDTA 形成稳定配合物的金属离子作沉淀剂，以沉淀待测离子，过量沉淀剂用 EDTA 滴定，或将沉淀分离溶解后，再用 EDTA 滴定其中的金属离子。

3. 应用

配位滴定可以直接或间接地测定周期表中大多数元素。

思考题和习题解答

思考题

1. 配合物的稳定常数与条件稳定常数有何不同，为什么要引入条件稳定常数？

答 配合物的稳定常数只与温度有关，不受其他反应条件如介质浓度、溶液 pH 值等的影响；条件稳定常数是以各物质总浓度表示的稳定常数，受具体反应条件的影响，其大小反映了金属离子、配位体和产物等发生副反应的因素对配合物实际稳定程度的影响。

2. 在配位滴定中，何谓酸效应？试以 EDTA 为例，列出计算酸效应 $\alpha_{Y(H)}$ 的数学表达式。

答 配位剂一般为有机弱酸配位体，由于 H^+ 存在（或酸度提高）使配位体参加主反应（或滴定反应）的能力降低的现象称为酸效应，公式为：

$$\alpha_{Y(H)} = 1 + \beta_1^H [H^+] + \beta_2^H [H^+]^2 + \cdots + \beta_6^H [H^+]^6 = 1 + \sum_{i=1}^{6} \beta_i^H [H^+]^i$$

或

$$\alpha_{Y(H)} = \frac{1}{\delta_Y} = 1 + \frac{[H^+]}{K_{a_6}} + \frac{[H^+]^2}{K_{a_6} K_{a_5}} + \cdots + \frac{[H^+]^6}{K_{a_6} K_{a_5} \cdots K_{a_1}}$$

3. 在配位滴定中，为什么要加入缓冲溶液控制滴定体系保持一定的 pH 值？

答 用 EDTA 滴定金属离子时，既要使金属离子滴定完全，又要让金属离子不水解，必须控制溶液在一定的 pH 值，另外在滴定过程中反应会不断释放出 H^+，即 $M + H_2Y^{2-} \rightleftharpoons MY + 2H^+$，酸度不断增大。因此为了控制适宜的酸度范围，就需加入缓冲溶液。

4. 已知 Fe^{3+} 与 EDTA 配合物的 $\lg K_{Fe(\mathrm{III})Y} = 25.1$，若在 pH=6.0 时，以 $0.010 \mathrm{mol \cdot L^{-1}}$ EDTA 滴定同浓度的 Fe^{3+}，考虑 $\alpha_{Y(H)}$ 和 $\alpha_{Fe(OH)}$ 后，$\lg K'_{FeY} = 14.8$，据此判断可以准确滴

定。但实际上一般是在 pH＝1.5 时进行滴定，为什么？

答 由于 Fe^{3+} 极易水解（pH$\geqslant$4），若在 pH＝6.0 的条件下进行滴定，此时绝大部分 Fe^{3+} 已水解形成沉淀，从而无法进行滴定。因此，不能单纯地从 $\lg K'_{FeY}$ 的大小来判断能否准确滴定，还要考虑金属离子的水解酸度。而在 pH＝1.5 时，$\lg K'_{FeY}＝25.1-15.55＝9.6$，说明 Fe^{3+} 和 EDTA 配合物在 pH＝1.5 时还很稳定，能准确滴定。

5. 什么是金属指示剂的封闭和僵化？如何避免？

答 指示剂-金属离子配合物的稳定常数比 EDTA 与金属离子的稳定常数大，虽加入大量 EDTA 也不能置换，无法达到终点，称为指示剂的封闭，产生封闭的离子多为干扰离子。消除方法：可加入掩蔽剂来掩蔽能封闭指示剂的离子或更换指示剂。指示剂或指示剂-金属离子配合物溶解度较小，使得指示剂与滴定剂的置换速率缓慢，使终点拖长，称为指示剂的僵化。消除方法：可加入适当有机溶剂或加热以增大溶解度。

6. 若配制 EDTA 溶液的水中含 Ca^{2+}，判断下列情况对测定结果的影响：

（1）以 $CaCO_3$ 为基准物质标定 EDTA 标准溶液，并用该标准溶液滴定试液中的 Zn^{2+}，以二甲酚橙为指示剂；

（2）以金属锌为基准物质，二甲酚橙为指示剂标定 EDTA 标准溶液，并用该标准溶液滴定试液中的 Ca^{2+}、Mg^{2+} 合量；

（3）以 $CaCO_3$ 为基准物质，铬黑 T 为指示剂标定 EDTA 标准溶液，并用该标准溶液滴定试液中 Ca^{2+}、Mg^{2+} 合量。

答 （1）由于 EDTA 水溶液中含有 Ca^{2+}，Ca^{2+} 与 EDTA 形成配合物，标定出来的 EDTA 标准溶液浓度偏低，当 EDTA 标准溶液滴定试液中的 Zn^{2+} 时，使测定的 Zn^{2+} 浓度偏低。

（2）由于 EDTA 水溶液中含有 Ca^{2+}，部分 Ca^{2+} 与 EDTA 形成配合物，标定出来的 EDTA 标准溶液浓度偏低，当 EDTA 标准溶液滴定试液中的 Ca^{2+}、Mg^{2+} 时，使测定结果偏低。

（3）用 $CaCO_3$ 为基准物质标定 EDTA 标准溶液，除了 $CaCO_3$ 中的 Ca^{2+} 被 EDTA 标准溶液滴定外，还有水中的 Ca^{2+} 也能被 EDTA 标准溶液滴定，标定出来的 EDTA 标准溶液浓度偏低，当用来滴定试液中的 Ca^{2+}、Mg^{2+} 时，使测定结果偏低。

7. 已知 $\lg K_{CaY}＝10.69$，$\lg K_{MgY}＝8.7$，$\lg K_{Ca-EBT}＝5.4$，$\lg K_{Mg-EBT}＝7.0$。试说明为何在 pH＝10 的溶液中用 EDTA 滴定 Ca^{2+} 时，常于溶液中先加入少量的 MgY？能否直接加入 Mg^{2+}，为什么？

答 滴定前：$MgY+EBT+Ca \longrightarrow CaY+Mg\text{-}EBT$

终点时：$Mg\text{-}EBT+Y \longrightarrow MgY+EBT$

不能够直接加入 Mg^{2+}，因为直接加入会消耗滴定剂 Y；滴定前加入的 MgY 与终点时生成的 MgY 的量相等，所以以不会产生误差。

8. 如何利用掩蔽和解蔽作用来测定 Ni^{2+}、Zn^{2+}、Mg^{2+} 混合溶液中各组分的含量？

答 在碱性条件下，加入过量 KCN 掩蔽，控制溶液 pH＝10.0，以 EBT 为指示剂，可用 EDTA 标准溶液滴定 Mg^{2+}；加入 HCHO 解蔽出 Zn^{2+}，控制 pH＝5.0，以 XO 为指示剂，可用 EDTA 标准溶液滴定 Zn^{2+}；另取一份溶液，调节溶液 pH 值在 5～6，以 XO 为指示剂，滴定出 Ni^{2+}、Zn^{2+} 总量，扣除 Zn^{2+} 含量，即得 Ni^{2+} 含量。

9. 今欲不经分离用配位滴定法测定下列混合溶液中各组分的含量，试设计简要方案（包括滴定剂、酸度、指示剂、所需其他试剂以及滴定方式）。

（1）Zn^{2+}、Mg^{2+} 混合液中两者含量的测定；

（2）含有 Fe^{3+} 的试液中测定 Bi^{3+}；

（3）Fe^{3+}、Cu^{2+}、Ni^{2+} 混合液中各组分含量的测定；

（4）水泥中 Fe^{3+}、Al^{3+}、Ca^{2+} 和 Mg^{2+} 的分别测定。

答 （1）$lgK_{MgY}=8.69$，$lgK_{ZnY}=16.50$，$\Delta lgK>5$，可控制酸度分别滴定。

$$\begin{array}{c} Zn^{2+} \\ Mg^{2+} \end{array} \xrightarrow[XO]{pH=5\sim6，六亚甲基四胺} \begin{array}{c} \overset{EDTA}{\downarrow} \\ ZnY \\ Mg^{2+} \end{array} \xrightarrow[EBT]{pH=10.0\ NH_3\text{-}NH_4Cl} \begin{array}{c} \overset{EDTA}{\downarrow} \\ MgY \\ ZnY \end{array}$$

（2）$lgK_{Fe(III)Y}=25.10$，$lgK_{Fe(II)Y}=14.33$，$lgK_{BiY}=27.94$，把 Fe^{3+} 转化为 Fe^{2+}，则 $\Delta lgK>5$。

$$\begin{array}{c} Bi^{3+} \\ Fe^{3+} \end{array} \xrightarrow[pH=1\sim2]{Vc} \begin{array}{c} Bi^{3+} \\ Fe^{2+} \end{array} \xrightarrow[pH=1\sim2]{XO} \begin{array}{c} \overset{EDTA}{\downarrow} \\ BiY \\ Fe^{2+} \end{array} \xrightarrow{HNO_3} \begin{array}{c} Fe^{3+} \\ BiY \end{array} \xrightarrow[pH=1.5\sim2.2]{Ssal} \begin{array}{c} \overset{EDTA}{\downarrow} \\ FeY \\ BiY \end{array}$$

（3）$lgK_{Fe(III)Y}=25.10$，$lgK_{CuY}=18.80$，$lgK_{NiY}=18.60$，Ni^{2+} 和 Cu^{2+} 的 $\Delta lgK<5$，Fe^{3+} 和 Cu^{2+} 的 $\Delta lgK>5$，可控制酸度滴定 Fe^{3+}，Ni^{2+} 和 Cu^{2+} 的测定须使用掩蔽和解蔽法。

$$\begin{array}{c} Fe^{3+} \\ Cu^{2+} \\ Ni^{2+} \end{array} \xrightarrow[pH=1.5\sim2]{Ssal} \begin{array}{c} \overset{EDTA}{\downarrow} \\ FeY \\ Cu^{2+} \\ Ni^{2+} \\ 测铁 \end{array} \xrightarrow[pH=5.0\sim6.0]{XO} \begin{array}{c} \overset{EDTA}{\downarrow} \\ CuY \\ NiY \\ FeY \\ 测Ni、Cu总量 \end{array}$$

$$\begin{array}{c} Fe^{3+} \\ Cu^{2+} \\ Ni^{2+} \end{array} \xrightarrow[pH=8.0\sim9.0]{NH_4F} \begin{array}{c} FeF_6^{3-} \\ Cu^{2+} \\ Ni^{2+} \end{array} \xrightarrow[pH=8.0\sim9.0]{KCN} \begin{array}{c} FeF_6^{3-} \\ Ni(CN)_4^{2-} \\ Cu(CN)_4^{2-} \end{array} \xrightarrow[pH=8.0\sim9.0]{AgNO_3} \begin{array}{c} Ni^{2+} \\ Cu(CN)_4^{2-} \\ FeF_6^{3-} \end{array} \xrightarrow[pH=5.0\sim6.0]{XO} \begin{array}{c} \overset{EDTA标液}{\downarrow} \\ NiY \\ Cu(CN)_4^{2-} \\ FeF_6^{3-} \\ 测Ni量 \end{array}$$

Cu^{2+}、Ni^{2+} 总量，减去 Ni^{2+} 含量，即得 Cu^{2+} 含量。

（4）在 $pH=1.5\sim2.0$ 之间，以磺基水杨酸为指示剂，EDTA 标准溶液为滴定剂测定 Fe^{3+}；然后加入过量 EDTA 标准溶液，煮沸，调节溶液 $pH=4.5$，以 PAN 为指示剂，用 Cu^{2+} 标准溶液返滴定，可测得 Al^{3+} 含量；另取一份溶液，加入三乙醇胺掩蔽 Fe^{3+} 和 Al^{3+}，调节溶液 $pH=10.0$，以 NH_3-NH_4Cl 为缓冲溶液，铬黑 T 为指示剂，以 EDTA 标准溶液为滴定剂测定 Mg^{2+}、Ca^{2+} 总量；再取一份溶液，加入三乙醇胺掩蔽铁离子和铝离子，调节溶液 $pH\geqslant12.0$，加入钙指示剂，以 EDTA 标准溶液为滴定剂测定 Ca^{2+} 含量，用 Mg^{2+}、Ca^{2+} 总量减去 Ca^{2+} 含量，可得 Mg^{2+} 含量。

习 题

一、选择题

1	2	3	4	5	6	7	8	9	10	11	12	13	14	15
C	D	D	C	A	B	A	C	C	C	C	C	C	A	A

二、填空题

1. $10^{2.75}$。 2. 增大，减小，减小。

3. Al^{3+} 易水解，Al^{3+} 与 EDTA 配位缓慢，Al^{3+} 对二甲酚橙有封闭作用。

4. NH_3-NH_4Cl（pH=10），EBT，酒红。

5. KCN，HCHO，10，EBT。

6. Zn^{2+}，Mg^{2+}，干扰测定。

7. 13.2。

8. 11.3。

9. MgY，红，蓝。

三、判断题

1	2	3	4	5	6	7	8
√	×	√	×	×	√	√	×,√

四、计算题

1. 计算 pH=5.5 时，EDTA 的 $\lg\alpha_{Y(H)}$。已知 EDTA 的各级累积常数 $\beta_1 \sim \beta_6$ 依次为 $10^{10.34}$、$10^{16.58}$、$10^{19.33}$、$10^{21.40}$、$10^{23.0}$、$10^{23.9}$。

解
$$\alpha_{Y(H)}=1+[H]\beta_1+[H]^2\beta_2+\cdots\cdots+[H]^6\beta_6$$
$$=1+10^{-5.5}\times10^{10.34}+(10^{-5.5})^2\times10^{16.58}+(10^{-5.5})^3\times10^{19.33}+(10^{-5.5})^4$$
$$\times10^{21.40}+(10^{-5.5})^5\times10^{23.0}+(10^{-5.5})^6\times10^{23.9}$$
$$=1+10^{4.80}+10^{5.58}+10^{-2.17}+10^{-0.6}+10^{-4.5}+10^{-9.1}$$
$$=10^{5.65}$$
$$\lg\alpha_{Y(H)}=5.65$$

2. 在 $0.010mol \cdot L^{-1}$ Al^{3+} 溶液中，加氟化铵至溶液中游离 F^- 的浓度为 $0.10mol \cdot L^{-1}$，问溶液中铝的主要型体是哪一种？浓度为多少？

已知，AlF_6^- 配离子 $\lg\beta_1 \sim \lg\beta_6$ 分别为 6.13，11.15，15.00，17.75，19.37，19.84。

解 已知 $c_{Al^{3+}}=0.010mol \cdot L^{-1}$，$c_{F^-}=0.100mol \cdot L^{-1}$。

先求各型体分布分数：

$$\delta_{Al^{3+}}=\frac{1}{1+\beta_1[F^-]+\beta_2[F^-]^2+\cdots+\beta_6[F^-]^6}$$
$$=\frac{1}{1+10^{6.13-1}+10^{11.15-2}+10^{15.00-3}+10^{17.75-4}+10^{19.37-5}+10^{19.84-6}}$$
$$=\frac{1}{3.5\times10^{14}}=2.8\times10^{-15}=10^{-14.55}$$

$$\delta_{(AlF)^{2+}}=\beta_1[F^-]\delta_{Al^{3+}}=10^{6.13-1-14.55}=3.8\times10^{-10}$$
$$\delta_{(AlF_2)^+}=\beta_2[F^-]^2\delta_{Al^{3+}}=10^{11.15-2-14.55}=4.0\times10^{-6}$$
$$\delta_{(AlF_3)}=\beta_3[F^-]^3\delta_{Al^{3+}}=10^{15.00-3-14.55}=2.8\times10^{-3}$$
$$\delta_{(AlF_4)^-}=\beta_4[F^-]^4\delta_{Al^{3+}}=10^{17.75-4-14.55}=1.6\times10^{-1}$$
$$\delta_{(AlF_5)^{2-}}=\beta_5[F^-]^5\delta_{Al^{3+}}=10^{19.37-5-14.55}=6.5\times10^{-1}$$
$$\delta_{(AlF_6)^{3-}}=\beta_6[F^-]^6\delta_{Al^{3+}}=10^{19.84-6-14.55}=1.9\times10^{-1}$$

由于 [某型体]$=\delta_i c_M$，当 c_M 为一定值时，各型体的浓度只与 δ_i 有关。δ_i 大的型体为主要型体。所以，由上可知溶液中存在的主要型体为 AlF_5^{2-}，其浓度为：

$$[AlF_5^{2-}] = \delta_{(AlF_5)^{2-}} \cdot c_{Al^{3+}} = 6.5 \times 10^{-1} \times 0.01 = 6.5 \times 10^{-3} (mol \cdot L^{-1})$$

3. 计算 $[Cl^-] = 6.3 \times 10^{-4} mol \cdot L^{-1}$ 时，汞（Ⅱ）氯配位离子的平均配位数 $\bar{n}$ 值。

解 查表得，汞（Ⅱ）氯配位离子的 $lg\beta_1 \sim lg\beta_4$ 分别为 6.74，13.22，14.07，15.07。
$[Cl^-] = 6.3 \times 10^{-4} = 10^{-3.20}$，根据平均配位数 $\bar{n}$ 的计算式：

$$\bar{n} = \frac{c_L - [L]}{c_M} = \frac{\beta_1[L] + 2\beta_2[L]^2 + \cdots + n\beta_n[L]^n}{1 + \beta_1[L] + \beta_2[L]^2 + \cdots + \beta_n[L]^n}$$

$$= \frac{10^{6.74-3.20} + 2 \times 10^{13.22-2 \times 3.20} + 3 \times 10^{14.07-3 \times 3.20} + 4 \times 10^{15.07-4 \times 3.20}}{1 + 10^{6.74-3.20} + 10^{13.22-2 \times 3.20} + 10^{14.07-3 \times 3.20} + 10^{15.07-4 \times 3.20}}$$

$$= 2.00$$

4. 计算 pH=11，$[NH_3] = 0.1 mol \cdot L^{-1}$ 时的 lgK'_{ZnY}。

解 查表得，$lgK_{ZnY} = 16.50$，$lg\beta_1 \sim lg\beta_4$ 分别为 2.37、4.81、7.31、9.46。
pH=11 时，$lg\alpha_{Y(H)} = 0.07$，$lg\alpha_{Zn(OH)} = 5.4$

$$\alpha_{Zn(NH_3)} = 1 + \beta_1[NH_3] + \beta_2[NH_3]^2 + \beta_3[NH_3]^3 + \beta_4[NH_3]^4$$
$$= 1 + 10^{2.37} \times 0.1 + \cdots + 10^{9.46} \times 0.1^4 = 10^{5.49}$$

$$\alpha_{Zn} = \alpha_{Zn(NH_3)} + \alpha_{Zn(OH)} - 1 \approx 10^{5.75}, lg\alpha_{Zn} = 5.75$$

$$lgK'_{ZnY} = lgK_{ZnY} - lg\alpha_{Zn} - lg\alpha_{Y(H)} = 16.50 - 5.75 - 0.07 = 10.68$$

5. pH=9 时，在 $c_{NH_3} = 0.1 mol \cdot L^{-1}$，$c_{H_2C_2O_4} = 0.1 mol \cdot L^{-1}$ 溶液中，计算：

(1) $lg\alpha_{Cu(NH_3)}$ 值（已知 $lg\beta_1 \sim lg\beta_4$ 依次为 4.13，7.61，10.48 和 12.59）；

(2) $lg\alpha_{Cu}$（已知 $lg\alpha_{Cu(OH)} = 0.8$，$lg\alpha_{Cu(H_2C_2O_4)} = 6.9$）；

(3) lgK'_{CuY}。

解 (1) $[NH_3] = \frac{[OH^-]}{[OH^-] + K_b} \times c_{NH_3} = \frac{10^{-5}}{10^{-5} + 1.79 \times 10^{-5}} \times 0.1 = 10^{-1.45}(mol \cdot L^{-1})$

$$\alpha_{Cu(NH_3)} = 1 + [NH_3]\beta_1 + [NH_3]^2\beta_2 + [NH_3]^3\beta_3 + [NH_3]^4\beta_4$$
$$= 1 + 10^{-1.45 \times 1} \times 10^{4.13} + 10^{-1.45 \times 2} \times 10^{7.61} + 10^{-1.45 \times 3} \times 10^{10.48} +$$
$$\quad 10^{-1.45 \times 4} \times 10^{12.59}$$
$$= 1 + 10^{2.68} + 10^{4.72} + 10^{6.15} + 10^{6.82}$$
$$= 8.1 \times 10^6 = 10^{6.91}$$

$$lg\alpha_{Cu(NH_3)} = 6.91$$

(2) $\alpha_{Cu} = \alpha_{Cu(NH_3)} + \alpha_{Cu(OH)} + \alpha_{Cu(H_2C_2O_4)} - 2 = 10^{6.91} + 10^{0.8} + 10^{6.9} - 2 = 10^{7.25}$
$$lg\alpha_{Cu} = 7.25$$

(3) $lgK'_{CuY} = lgK_{CuY} - lg\alpha_{Y(H)} - lg\alpha_{Cu} = 18.80 - 1.28 - 7.25 = 10.27$

6. 当溶液中 Mg^{2+} 浓度为 $2 \times 10^{-2} mol \cdot L^{-1}$ 时，问在 pH=5 时能否用同浓度的 EDTA 滴定 Mg^{2+}？在 pH=10 时情况如何？如果继续降低酸度至 pH=12，情况又如何？

解 (1) pH=5 时，$lg\alpha_{Mg(OH)} = 0$，$lg\alpha_{Y(H)} = 6.45$，故：
$$lgK'_{MgY} = lgK_{MgY} - lg\alpha_{Mg(OH)} - lg\alpha_{Y(H)} = 8.7 - 0 - 6.45 = 2.2 < 8$$
所以不能滴定。

(2) pH=10 时，$lg\alpha_{Mg(OH)} = 0$，$lg\alpha_{Y(H)} = 0.45$，故：
$$lgK'_{MgY} = lgK_{MgY} - lg\alpha_{Mg(OH)} - lg\alpha_{Y(H)} = 8.7 - 0 - 0.45 = 8.2 > 8$$
所以能滴定。

(3) pH=12 时，$lg\alpha_{Mg(OH)} = 0.5$，$lg\alpha_{Y(H)} = 0$，故：
$$lgK'_{MgY} = lgK_{MgY} - lg\alpha_{Mg(OH)} - lg\alpha_{Y(H)} = 8.7 - 0.5 - 0.01 = 8.2 > 8$$

但此时 Mg^{2+} 已生成 $Mg(OH)_2$ 沉淀，因此不能滴定。

7. 计算 pH=10 时，以 0.02000mol·L^{-1} EDTA 溶液滴定同浓度的 Zn^{2+}，计算滴定到 99.9%、100.0%、100.1%时溶液的 pZn 值。

解 pH=10 时，$\lg\alpha_{Zn(OH)}=2.4$，$\lg\alpha_{Y(H)}=0.45$

$$K'_{ZnY}=\frac{K_{ZnY}}{\alpha_{Zn(OH)}\alpha_{Y(H)}}=\frac{10^{16.50}}{10^{2.4}\times10^{0.45}}=10^{13.65}$$

(1) 滴定至 99.9%时：$[Zn']=\dfrac{c_0V_0-cV}{V_0+V}=\dfrac{0.02000(V_0-V)}{V_0+V}=\dfrac{0.02000\times0.1\%V_0}{V_0+99.9\%V_0}$

$$=1.00\times10^{-5.0}$$

$$[Zn^{2+}]=\frac{[Zn']}{\alpha_{Zn(OH)}}=\frac{10^{-5.0}}{10^{2.4}}=10^{-7.4}(mol\cdot L^{-1})$$

$$pZn=7.4$$

(2) 滴定至 100.0%时：$[Zn']=\sqrt{\dfrac{c_{eq}}{K'_{ZnY}}}=\sqrt{\dfrac{0.02000/2}{10^{13.65}}}=10^{-7.8}(mol\cdot L^{-1})$

$$[Zn^{2+}]=\frac{[Zn']}{\alpha_{Zn(OH)}}=\frac{10^{-7.8}}{10^{2.4}}=10^{-10.2}(mol\cdot L^{-1})$$

$$pZn=10.2$$

(3) 滴定至 100.1%时：$[Zn']=\dfrac{[ZnY]}{K'_{ZnY}[Y]}=\dfrac{0.02000/2}{10^{13.65}\times0.1\%\times0.02000/2}$

$$=10^{-10.65}(mol\cdot L^{-1})$$

$$[Zn^{2+}]=\frac{[Zn']}{\alpha_{Zn(OH)}}=\frac{10^{-10.65}}{10^{2.4}}=10^{-13.0}(mol\cdot L^{-1})$$

$$pZn=13.0$$

8. 在 pH=10 的 0.1000mol·L^{-1} NH_3-NH_4Cl 溶液中，能否用 EDTA 准确滴定 0.1000mol·L^{-1} 的 Zn^{2+} 溶液。

解 用 EDTA 滴定 Zn^{2+} 时，存在的各种反应：

$$
\begin{array}{ccccc}
Zn^{2+} & & +\quad Y & = & ZnY \\
OH^- \diagup & \diagdown NH_3 & & \big| H^+ & \\
Zn(OH)^+ & Zn(NH_3)^{2+} & & HY & \\
\alpha_{Zn(OH)} & \alpha_{Zn(NH_3)} & & \alpha_{Y(H)} &
\end{array}
$$

NH_3-NH_4Cl 溶液的 pH=10。查表得，$\lg\alpha_{Y(H)}=0.45$，$\lg\alpha_{Zn(OH)}=2.4$，$\lg K_{ZnY}=16.50$。

$$[NH_3]=c_{NH_3}\delta_{NH_3}=0.1\times\frac{[OH^-]}{[OH^-]+K_b}=0.1\times\frac{10^{-4}}{10^{-4}+1.8\times10^{-5}}$$

$$=0.085(mol\cdot L^{-1})$$

$$\alpha_{Zn(NH_3)}=1+10^{2.37}\times0.085+10^{4.81}\times(0.085)^2+10^{7.31}\times(0.085)^3+10^{9.46}\times(0.085)^4$$

$$=10^{5.18}$$

$$\alpha_{Zn}=\alpha_{Zn(OH)}+\alpha_{Zn(NH_3)}-1=10^{2.4}+10^{5.18}=10^{5.18}$$

$$\lg K'_{ZnY}=\lg K_{ZnY}-\lg\alpha_{Y(H)}-\lg\alpha_{Zn}=16.5-0.45-5.18=10.87$$

金属离子被准确滴定的条件是 $\lg(c_M^{sp}K'_{MY})\geq6$，且 $c_M^{sp}=0.1/2=0.05000$，故 $\lg(c_{Zn}^{sp}K'_{ZnY})=\lg(0.05000\times10^{10.87})=9.17>6$，能准确滴定。

9. 已知下列指示剂的质子化累积常数 $\lg\beta_1$、$\lg\beta_2$ 和 Mg^{2+} 配合物的稳定常数 $\lg K_{MgIn}$ 分别是：

指示剂	$\lg\beta_1$	$\lg\beta_2$	$\lg K_{MgIn}$
埃铬黑 R'	13.5	20.5	7.6
铬黑 T	11.6	17.8	7.0

如果在 pH=10 时，以 1×10^{-2} mol·L^{-1} EDTA 滴定同浓度的 Mg^{2+}，分别用这两种指示剂，计算化学计量点和滴定终点的 pMg 值，求误差各是多少？根据以上计算说明选用哪一种指示剂较好？

解 pH=10 时，$\lg\alpha_{Mg(OH)}=0$，$\lg\alpha_{Y(H)}=0.5$

$$\lg K'_{MgY}=\lg K_{MgY}-\lg\alpha_{Y(H)}=8.6-0.5=8.1$$

（1） $[Mg^{2+}]_{等}=\sqrt{\dfrac{[MgY]}{K'_{MgY}}}=\sqrt{\dfrac{\frac{1}{2}\times1\times10^{-2}}{10^{8.1}}}=10^{-5.2}$ mol·L^{-1}

$\quad$ $pMg_{等}=5.2$

（2） $pM_t=\lg K_{MIn}-\lg\alpha_{In(H)}$

埃铬黑 R'：$\alpha_{In(H)}=1+[H^+]\beta_1+[H^+]^2\beta_2=1+10^{-10}\times10^{13.5}+10^{-10\times2}\times10^{20.5}$
$\quad\quad\quad =10^{3.5}$

$\quad\quad pMg_{终}=pMg_t=\lg K_{MgIn}-\lg\alpha_{In(H)}=7.6-3.5=4.1$

$\quad\quad \Delta pM=pM_{终}-pM_{等}=4.1-5.2=-1.1$

$$E_t=\frac{10^{\Delta pMg}-10^{-\Delta pMg}}{\sqrt{c_{Mg,等}K'_{MgY}}}\times100\%=\frac{10^{-1.1}-10^{1.1}}{\sqrt{\frac{1}{2}\times10^{-2}\times10^{8.1}}}\times100\%=-1.6\%$$

铬黑 T：$\alpha_{In(H)}=1+[H^+]\beta_1+[H^+]^2\beta_2=1+10^{-10}\times10^{11.6}+10^{-10\times2}\times10^{17.8}=10^{1.6}$

$\quad\quad pMg_{终}=pMg_t=\lg K_{MgIn}-\lg\alpha_{In(H)}=7.0-1.6=5.4$

$\quad\quad \Delta pM=pM_{终}-pM_{等}=5.4-5.2=0.2$

$$E_t=\frac{10^{\Delta pMg}-10^{-\Delta pMg}}{\sqrt{c_{Mg,等}K'_{MgY}}}\times100\%=\frac{10^{0.2}-10^{-0.2}}{\sqrt{\frac{1}{2}\times10^{-2}\times10^{8.1}}}\times100\%=0.1\%$$

10. pH=10 的氨性溶液中，以 2×10^{-2} mol·L^{-1} EDTA 滴定同浓度的 Ca^{2+}，用铬黑 T 作指示剂，计算：（1）$\lg K'_{CaY}$；（2）$pCa_{等}$；（3）$\lg K'_{CaIn}$（$\lg K_{CaIn}=5.4$）；（4）$pCa_{终}$；（5）终点误差。

解 pH=10 时，$\lg\alpha_{Y(H)}=0.45$

（1） $\lg K'_{CaY}=\lg K_{CaY}-\lg\alpha_{Y(H)}=10.69-0.45=10.24$

（2） $[Ca]_{等}=\sqrt{\dfrac{[CaY]_{等}}{K'_{CaY}}}=\sqrt{\dfrac{\frac{1}{2}\times2\times10^{-2}}{10^{10.24}}}=10^{-6.12}$

$\quad$ $pCa_{等}=6.12$

或 $\quad pCa_{等}=\dfrac{1}{2}(pc_{Ca等}+\lg K'_{MY})=\dfrac{1}{2}\times(2.0+10.24)=6.12$

（3）由上题：$\alpha_{In(H)}=1+[H^+]\beta_1+[H^+]^2\beta_2=1+10^{-10}\times10^{11.6}+10^{-10\times2}\times10^{17.8}$
$\quad\quad\quad =10^{1.6}$

则： $\quad\quad \lg K'_{CaIn}=\lg K_{CaIn}-\lg\alpha_{In(H)}=5.4-1.6=3.8$

(4) $pCa_{终} = pCa_t = lgK_{CaIn} - lg\alpha_{In(H)} = 5.4 - 1.6 = 3.8$

(5) $\Delta pM = pM_{终} - pM_{等} = 3.8 - 6.1 = -2.3$

$$E_t = \frac{10^{\Delta pCa} - 10^{-\Delta pCa}}{\sqrt{c_{Ca等} K'_{CaY}}} \times 100\% = \frac{10^{-2.3} - 10^{2.3}}{\sqrt{10^{-2} \times 10^{10.2}}} \times 100\% = -1.6\%$$

11. 某试液含 Fe^{3+} 和 Co^{2+}，浓度均为 2×10^{-2} mol·L^{-1}，今欲用同浓度的 EDTA 分别滴定。问：

(1) 有无可能分别滴定？

(2) 滴定 Fe^{3+} 的合适酸度范围；

(3) 滴定 Fe^{3+} 后，是否有可能滴定 Co^{2+}，求滴定 Co^{2+} 的合适酸度范围 [$pK_{sp,Co(OH)_2} = 14.7$]。

解 (1) $\Delta lgK = lgK_{FeY} - lgK_{CoY} = 25.10 - 16.31 = 8.79 > 6$
能控制酸度分别滴定。

(2) 滴定 Fe^{3+} 最高酸度：

$lg\alpha_{Y(H)} = lgK_{FeY} - 8 = 25.1 - 8 = 17.1$，查表得 pH=1.3。

滴 Fe^{3+} 最低酸度：

$$[OH] = \sqrt[3]{\frac{K_{sp}}{[Fe^{3+}]}} = \sqrt[3]{\frac{10^{-35.96}}{2 \times 10^{-2}}} = 10^{-11.4}，pH = 2.6$$

因为 pH 值范围为 1.3~2.6。

(3) 可以继续滴定。滴定 Co^{2+} 最高酸度：

$lg\alpha_{Y(H)} = lgK_{CoY} - 8 = 8.31$，查表得 pH=4.0。

滴定 Co^{2+} 最低酸度：

$$[OH] = \sqrt{\frac{K_{sp}}{[Co^{2+}]}} = \sqrt{\frac{10^{-14.7}}{1 \times 10^{-2}}} = 10^{-6.35}，pH = 7.65$$

因为用 XO 指示剂 pH<6，pH 值范围为 4.0~6.0。

12. Hg^{2+} 和 Zn^{2+} 混合溶液，浓度均为 2×10^{-2} mol·L^{-1}。今以 KI 掩蔽 Hg^{2+}，若终点时溶液中游离的 $[I^-]$ 为 10^{-2} mol·L^{-1}。在 pH=5 时，以 2×10^{-2} mol·L^{-1} EDTA 溶液滴定 Zn^{2+}，如果 $\Delta pZn = \pm 0.5$，计算终点误差。

解 pH=5 时，$lg\alpha_{Y(H)} = 6.45$

$$\begin{aligned}
\alpha_{Hg(I)} &= 1 + [I^-]\beta_1 + [I^-]^2\beta_2 + \cdots + [I^-]^n\beta_n \\
&= 1 + 10^{-2} \times 10^{12.87} + 10^{-2 \times 2} \times 10^{23.82} + 10^{-2 \times 3} \times 10^{27.60} + 10^{-2 \times 4} \times 10^{29.83} \\
&= 1 + 10^{10.87} + 10^{19.82} + 10^{21.60} + 10^{21.83} \\
&= 10^{22.03}
\end{aligned}$$

$$\alpha_{Y(Hg)} = 1 + [Hg]K_{HgY} = 1 + \frac{c_{Hg}}{\alpha_{Hg(I)}}K_{HgY} = 1 + \frac{10^{-2}}{10^{22.03}} \times 10^{21.7} = 10^{-2.33} + 1 \approx 1$$

$$\alpha_Y = \alpha_{Y(H)} + \alpha_{Y(Hg)} - 1 \approx \alpha_{Y(H)}$$

$lgK'_{ZnY} = lgK_{ZnY} - lg\alpha_{Y(H)} = 16.50 - 6.45 = 10.05$

$\Delta pM = pM_{终} - pM_{等} = \pm 0.5$

$$E_t = \frac{10^{\Delta pZn} - 10^{-\Delta pZn}}{\sqrt{c_{Zn等} K'_{ZnY}}} \times 100\% = \frac{10^{\pm 0.5} - 10^{\mp 0.5}}{\sqrt{10^{-2} \times 10^{10.05}}} \times 100\% = \pm 0.03\%$$

13. 已知金属离子 Cd^{2+}-I^- 配合物的 $lg\beta_1 \sim lg\beta_4$ 分别为 2.4、3.4、5.0、6.15；pH=

5.5 时，$\lg\alpha_{Y(H)}=5.5$，用浓度为 $2\times10^{-2}mol\cdot L^{-1}$ 的 EDTA 滴定浓度均为 $2\times10^{-2}mol\cdot L^{-1}$ 的 Zn^{2+} 和 Cd^{2+} 的混合溶液中的 Zn^{2+}，已知 Cd^{2+} 有干扰，故加入 KI 掩蔽 Cd^{2+}，当终点时 $[I^-]=0.5mol\cdot L^{-1}$，Cd^{2+} 的干扰能否消除，Zn^{2+} 能否被准确滴定，如用二甲酚橙（XO）为指示剂，$pZn_{终(XO)}=4.8$，求终点误差 E_t（$\lg K_{CdY}=16.5$）。

解
$$\alpha_{Cd(I)}=1+[I^-]\beta_1+[I^-]^2\beta_2+[I^-]^3\beta_3+[I^-]^4\beta_4$$
$$=1+0.5\times10^{2.4}+0.5^2\times10^{3.4}+0.5^3\times10^{5.0}+0.5^4\times10^{6.15}$$
$$=10^{2.1}+10^{2.8}+10^{4.1}+10^{5.0}$$
$$=10^{5.0}$$

$$\alpha_{Y(Cd)}=\frac{c_{Cd}}{\alpha_{Cd(I)}}K_{CdY}=\frac{10^{-2}}{10^{5.0}}\times10^{16.5}=10^{9.5}$$

因：pH=5.5 时，$\alpha_{Y(H)}=10^{5.5}<\alpha_{Y(Cd)}$

所以：$\alpha_Y=\alpha_{Y(Cd)}=10^{9.5}$

$\lg K'_{ZnY}=\lg K_{ZnY}-\lg\alpha_Y=16.5-9.5=7.0<8$

在此情况下，Cd^{2+} 的干扰虽已减小，但由于镉碘配合物的稳定性不够高，Zn^{2+} 仍不能准确滴定。

据：$K'_{ZnY}=\dfrac{[MY]}{[M][Y]}=\dfrac{c_{M等}}{([M]_{等})^2}$

得：$[Zn^{2+}]_{等}=\sqrt{\dfrac{c_{Zn等}}{K'_{ZnY}}}$

$$pZn_{等}=-\lg\sqrt{\frac{1\times10^{-2}}{10^{7.0}}}=4.5$$

$$\Delta pZn=pZn_{终}-pZn_{等}=4.8-4.5=0.3$$

$$E_t=\frac{10^{\Delta pZn}-10^{-\Delta pZn}}{\sqrt{c_{Zn等}K'_{ZnY}}}\times100\%=\frac{10^{0.3}-10^{-0.3}}{\sqrt{10^{-2}\times10^{7.0}}}\times100\%$$
$$=\frac{2.0-0.5}{10^{2.5}}\times100\%=0.5\%$$

14. 用配位滴定法连续滴定某试液中的 Fe^{3+} 和 Al^{3+}。取 50.00mL 试液，调节溶液 pH=2，以磺基水杨酸作指示剂，加热至约 50℃，用 $0.04852mol\cdot L^{-1}$ EDTA 标准溶液滴定到紫红色恰好消失，用去 20.45mL。在滴定 Fe^{3+} 后的溶液中加入上述 EDTA 标准溶液 50.00mL，煮沸片刻，使 Al^{3+} 和 EDTA 充分配位，冷却后，调节 pH=5，用二甲酚橙作指示剂，用 $0.05069mol\cdot L^{-1}$ Zn^{2+} 标准溶液回滴过量 EDTA，用去 14.96mL Zn^{2+} 标准溶液，计算试液中 Fe^{3+} 和 Al^{3+} 的含量（以 $g\cdot L^{-1}$ 表示）。

解 依据题意分析，得：

$$c_{Fe^{2+}}=\frac{0.04852\times20.45\times55.85}{50.00}=1.11(g\cdot L^{-1})$$

$$c_{Al^{3+}}=\frac{0.04852\times50.00-0.05069\times14.96}{50.00}\times26.98=0.8992(g\cdot L^{-1})$$

15. 分析铜-锌-镁合金。称取试样 0.5000g，溶解后，用容量瓶配成 250.0mL 试液。吸取试液 25.00mL，调节溶液的 pH=6，用 PAN 作指示剂，用 $0.02000mol\cdot L^{-1}$ EDTA 标准溶液滴定 Cu^{2+} 和 Zn^{2+}，用去 37.30mL。另外吸取试液 25.00mL，调节 pH=10，用 KCN 掩蔽 Cu^{2+} 和 Zn^{2+}，用 $0.01000mol\cdot L^{-1}$ EDTA 标准溶液标定 Mg^{2+}，用去 4.10mL EDTA

溶液。然后用甲醛解蔽 Zn^{2+}，再用 $0.02000mol\cdot L^{-1}$ EDTA 标准溶液滴定，用去 $13.40mL$。计算试样中 Cu、Zn、Mg 的含量。

解 （1）依据题意分析，掩蔽掩蔽 Cu^{2+} 和 Zn^{2+} 后 Mg 的含量为：

$$w_{Mg}=\frac{0.01000\times4.10\times24.30}{0.5000\times\dfrac{25.00}{250.0}\times1000}\times100\%=1.99\%$$

（2）Zn 的含量为：

$$w_{Zn}=\frac{0.02000\times13.40\times65.39}{0.5000\times\dfrac{25.00}{250.0}\times1000}\times100\%=35.05\%$$

（3）Cu 的含量：

$$w_{Cu}=\frac{0.02000\times(37.30-13.40)\times63.55}{0.5000\times\dfrac{25.00}{250.0}\times1000}\times100\%=60.75\%$$

第6章

氧化还原滴定法

本章需要掌握条件电极电位的计算、反应进行方向和程度的计算及组分含量的计算；掌握指示剂的使用，了解反应速率、反应历程及预处理的要求；掌握高锰酸钾法、重铬酸钾法及碘量法等经典氧化还原方法的应用，了解其他氧化还原方法。

知识点总结

知识点一　氧化还原平衡

1. 基本概念

（1）氧化还原滴定概念

氧化还原滴定是以氧化还原反应为基础的滴定方法。

（2）可逆/不可逆氧化还原电对

可逆氧化还原电对是指在氧化还原反应的任一瞬间，能按氧化还原半反应迅速建立起氧化还原平衡，其实测电位与按能斯特（Nernst）方程计算所得的理论电位一致或相差甚微的电对，如 Fe^{3+}/Fe^{2+}、$Fe(CN)_6^{3-}/Fe(CN)_6^{4-}$、$I_2/I^-$ 等。

不可逆氧化还原电对是指在氧化还原反应的任一瞬间，不能按氧化还原半反应迅速建立起氧化还原平衡，其实测电位与按能斯特方程计算所得的理论电位不一致或相差甚大的电对，如 MnO_4^-/Mn^{2+}、$Cr_2O_7^{2-}/Cr^{3+}$、$S_4O_6^{2-}/S_2O_3^{2-}$、SO_4^{2-}/SO_3^{2-}、O_2/H_2O_2、H_2O_2/H_2O 等。

（3）对称电对和不对称电对

氧化态和还原态化学计量数相同的电对称为对称电对，如 $Fe^{3+}+e^- \longrightarrow Fe^{2+}$、$MnO_4^-+8H^++5e^- \longrightarrow Mn^{2+}+4H_2O$ 等。

氧化态和还原态化学计量数不相同的电对称为不对称电对，如 $Cr_2O_7^{2-}+14H^++6e^- \longrightarrow 2Cr^{3+}+7H_2O$、$I_2+2e^- \longrightarrow 2I^-$ 等。涉及不对称电对的有关计算时，情况相对复杂一些，应予以注意。

（4）氧化还原反应的特点

氧化还原反应机制比较复杂，反应分多步完成，常伴有多种副反应；有些反应 K 值很大，但速率很慢。需要根据滴定的要求选择合适的氧化还原反应。

（5）氧化还原滴定的分类

按选用的滴定剂的不同，氧化还原滴定法可分为碘量法、高锰酸钾法、重铬酸钾法、亚硝酸钠法、溴量法、铈量法等。

2. 电极电位与 Nernst 方程式

电极电位是由电极与溶液接触处存在的双电层产生的。物质的氧化还原性质可以用相关氧化还原电对电极电位来衡量。

电对电极电位的大小可通过 Nernst 方程式计算。

对一个氧化还原半反应（也称为电极反应）：

$$Ox + ne^- \longrightarrow Red$$

氧化还原电对用 Ox/Red 表示。该电对具有一定的电位称为电极电位，电极电位可以用 Nernst 方程表示：

$$\varphi = \varphi^\ominus + \frac{2.303RT}{nF} \lg \frac{a_{Ox}}{a_{Red}} = \varphi^\ominus + \frac{0.059}{n} \lg \frac{a_{Ox}}{a_{Red}} \tag{6-1}$$

式中，a_{Ox}、a_{Red} 分别是游离 Ox、Red 的活度；$\varphi^\ominus$ 为标准电极电位，它是温度为 25℃ 时，相关离子的活度均为 $1mol \cdot L^{-1}$，气压为 $1.013 \times 10^5 Pa$ 时，测出的相对于标准氢电极的电极电位（规定标准氢电极电位为零）；R 为气体常数，$8.314 J \cdot K^{-1} \cdot mol^{-1}$；$T$ 为热力学温度，K；F 为法拉第常数，$F = 96487 C \cdot mol^{-1}$；$n$ 为氧化还原半反应转移的电子数目。第二个等号后面表达式为代入常数所得。

3. 条件电极电位及其影响因素

（1）条件电极电位

将平衡浓度和活度关系以及副反应系数代入式（6-1），得：

$$a_{Ox} = \gamma_{Ox}[Ox] = \gamma_{Ox} c_{Ox} / \alpha_{Ox}, \ a_{Red} = \gamma_{Red}[Red] = \gamma_{Red} c_{Red} / \alpha_{Red}$$

$$\varphi = \varphi^\ominus + \frac{0.059}{n} \lg \frac{\gamma_{Ox}\alpha_{Red}}{\gamma_{Red}\alpha_{Ox}} + \frac{0.059}{n} \lg \frac{c_{Ox}}{c_{Red}}$$

$$\varphi^{\ominus'} = \varphi^\ominus + \frac{0.059}{n} \lg \frac{\gamma_{Ox}\alpha_{Red}}{\gamma_{Red}\alpha_{Ox}} \tag{6-2}$$

式中，$\varphi^{\ominus'}$ 称为条件电位，它是在特定条件下，氧化态和还原态的总浓度 c_{Ox} 和 c_{Red} 都为 $1mol \cdot L^{-1}$ 或它们的比值为 1 时的实际电位。

（2）影响条件电位的因素

① 盐效应 溶液中盐类电解质对条件电位的影响。

② 生成配合物 向溶液中加入一种配位剂，与氧化态或还原态反应。若氧化态生成稳定的配合物，则条件电位降低；若还原态生成稳定的配合物，则条件电位升高。

③ 生成沉淀 加入可与氧化态或还原态生成沉淀的沉淀剂，因改变氧化态或还原态的浓度而改变电位。氧化态生成沉淀时，条件电位降低；还原态生成沉淀时，条件电位升高。

④ 酸效应 溶液酸度对条件电位的影响：a. 氧化态或还原态是弱酸或弱碱，发生解离，其影响可由副反应系数计算。b. 半反应中有 H^+（或 OH^-）参加，因而条件电位的算式中应包括 H^+（或 OH^-）的浓度。

4. 氧化还原反应进行的程度

（1）平衡常数 K 和条件平衡常数 K'

对于下述氧化还原反应：

$$\frac{n}{n_1}Ox_1 + \frac{n}{n_2}Red_2 \rightleftharpoons \frac{n}{n_1}Red_1 + \frac{n}{n_2}Ox_2$$

式中，n 为 n_1、n_2 的最小公倍数；n_1 为电对 1 转移电子数；n_2 为电对 2 转移电子数。

由平衡常数定义：

$$K = \frac{a_{Red_1}^{\frac{n}{n_1}} a_{Ox_2}^{\frac{n}{n_2}}}{a_{Ox_1}^{\frac{n}{n_1}} a_{Red_2}^{\frac{n}{n_2}}}$$

取对数得：

$$\lg K = \frac{n}{n_1}\lg\frac{a_{Ox_1}}{a_{Red_1}} + \frac{n}{n_2}\lg\frac{a_{Ox_2}}{a_{Red_2}}$$

整理得：

$$\lg K = \frac{n}{0.059}(\varphi_1^\ominus - \varphi_2^\ominus) \tag{6-3}$$

式中，n 为 n_1、n_2 的最小公倍数。

条件平衡常数 K'：

$$\lg K' = \frac{n}{0.059}(\varphi_1' - \varphi_2') \tag{6-4}$$

（2）判断反应能否定量进行

要使反应定量进行，反应的完全程度应达到 99.9% 以上。

$$n_2 Ox_1 + n_1 Red_2 \rightleftharpoons n_2 Red_1 + n_1 Ox_2$$
$$\quad 0.1 \qquad\quad 0.1 \qquad\qquad 99.9 \qquad\quad 99.9$$

① 当 $n_1 = n_2$ 时：

$$\lg K' = \lg\frac{c_{Red_1}c_{Ox_2}}{c_{Ox_1}c_{Red_2}} = \lg\frac{99.9\times99.9}{0.1\times0.1} \approx 6$$

即 $\lg K' \geqslant 6$ 时，反应能定量进行。

要求：

$$\varphi_1^{\ominus}{'} - \varphi_2^{\ominus}{'} = \frac{0.059}{n}\lg K' \geqslant 0.059\times6 = 0.35(V) \tag{6-5}$$

② 当 $n_1 \neq n_2$ 时且互质时：

$$\lg K' = \lg\frac{c_{Red_1}^{n_2}c_{Ox_2}^{n_1}}{c_{Ox_1}^{n_2}c_{Red_2}^{n_1}} = \lg\frac{99.9^{n_2}\times99.9^{n_1}}{0.1^{n_2}\times0.1^{n_1}} \approx 3(n_1+n_2) \tag{6-6}$$

即 $\lg K' \geqslant 3(n_1+n_2)$ 时，反应能定量进行。例如 $n_1 = 1$，$n_2 = 2$，则 $\lg K' \geqslant 9$，要求 $\varphi_1^{\ominus}{'} - \varphi_2^{\ominus}{'} = \frac{0.059}{n}\lg K' \geqslant \frac{0.059\times9}{2} = 0.27(V)$。

对不同类型的氧化还原反应，能定量进行所要求的 $\lg K'$ 是不相同的。一般而言，不论什么类型的氧化还原反应，只要 $\Delta\varphi' \geqslant 0.35V$，都能定量进行，可以满足滴定分析的要求。若 $\Delta\varphi' < 0.35V$，则应考虑反应类型。例如，$\Delta\varphi' = 0.30V$，若 $n_1 = 1$，$n_2 = 2$，则可以定量进行。

5. 氧化还原反应速率及其影响因素

影响反应速率的因素很多，除了反应物本身的性质外，还与反应物的浓度、温度、催化剂等因素有关。

（1）氧化剂、还原剂本身的性质

不同的氧化剂和还原剂，反应速率可以相差很大，这与它们的电子层结构以及反应机理有关。

（2）反应物浓度

根据质量守恒定律，反应速率与反应物的浓度乘积成正比。通常情况下反应物浓度越大，反应速率越快。但是多数氧化还原反应是分步进行的，整个反应的速率取决于最慢一步反应的速率。

（3）反应温度

升温可增加碰撞次数，使活化分子增多，加快反应。每增高 $10℃$，速度增加 $2\sim3$ 倍。

（4）催化剂

加入催化剂可以改变反应的历程，因而改变反应速率。分析化学中主要利用正催化剂使反应加速，如 Ce^{4+} 氧化 AsO_2^- 的反应速率很慢，加入少量 KI 可使反应迅率进行；再如 MnO_4^- 氧化 $C_2O_4^{2-}$ 反应速率很慢，但反应生成的 Mn^{2+} 对反应有催化作用，这种生成物本身起催化作用的反应叫自动催化反应。

（5）诱导反应

MnO_4^- 氧化 Cl^- 的反应进行得很慢，但当溶液中存在 Fe^{2+} 时，由于 MnO_4^- 与 Fe^{2+} 反应的进行，诱发 MnO_4^- 与 Cl^- 反应加快进行。这种由一个反应的发生促进另一个反应进行的现象，称为诱导反应。例：

$$MnO_4^- + 5Fe^{2+} + 8H \Longleftrightarrow Mn^{2+} + 5Fe^{3+} + 4H_2O \qquad （诱导反应）$$

$$2MnO_4^- + 10Cl^- + 16H^+ \Longleftrightarrow 2Mn^{2+} + 5Cl_2\uparrow + 8H_2O \qquad （受诱反应）$$

其中 MnO_4^- 称为作用体；Fe^{2+} 称为诱导体；Cl^- 称为受诱体。

知识点二　滴定基本原理

1. 滴定曲线

氧化还原滴定的突跃范围大小与反应电对条件电位差有关，条件电位差 $\Delta\varphi'$ 越大，滴定突跃范围越大。对称电对参与的氧化还原反应，浓度改变对突跃范围影响不大。

在一般氧化还原滴定中，突跃范围是：

$$\left(\varphi_2^{\ominus\prime} + \frac{3\times0.059}{n_2}\right) \sim \left(\varphi_1^{\ominus\prime} - \frac{3\times0.059}{n_1}\right) \qquad (6\text{-}7)$$

化学计量点是：

$$\varphi_{sp} = \frac{n_1\varphi_1^{\ominus} + n_2\varphi_2^{\ominus}}{n_1 + n_2} \qquad (6\text{-}8)$$

当两个半反应转移电子数相等时，化学计量点电位恰好位于滴定突跃的中央；当半反应转移电子数不等时，化学计量点电位偏向转移电子数多的电对一方。

2. 指示剂

指示氧化还原滴定终点的常用指示剂有以下四种。

① 氧化还原指示剂　指示剂本身是一种弱氧化剂或还原剂，它的氧化型或还原型具有明显不同的颜色，如二苯胺磺酸钠。

氧化还原指示剂变色的电位范围是：

$$\varphi_{In}^{\ominus} \pm \frac{0.059}{n} \qquad (6\text{-}9)$$

与选择酸碱、配位指示剂相似，选择氧化还原指示剂时，应使指示剂的条件电位落在滴定突跃范围内，并尽可能靠近化学计量点，以减小终点误差。

② 自身指示剂　有些标准溶液本身有很深的颜色，滴定时无须另外加入指示剂，只要标准溶液稍微过量一点，即可显示终点的到达，如高锰酸钾。

③ 专属指示剂　有些指示剂本身不具有氧化还原性，但能与氧化剂或还原剂作用产生特殊的颜色，利用这种特殊颜色的出现或消失指示滴定终点，称为专属指示剂，如淀粉。

3. 滴定误差

同酸碱滴定和配位滴定相似，氧化还原滴定也要考虑滴定终点误差。设用氧化剂 Ox_1 滴定还原剂 Red_2，滴定产物为 Red_1 和 Ox_2，其滴定反应为：

$$n_2 Ox_1 + n_1 Red_2 \rightleftharpoons n_2 Red_1 + n_1 Ox_2$$

两个半反应的电子转移数 $n_1 = n_2 = 1$，且两个电对均为对称电对，由终点误差定义，则有：

$$E_t = \frac{[Ox_1]_{ep} - [Red_2]_{ep}}{c_{Red_2}^{sp}} \times 100\%$$

① 若当 $n_1 = n_2$：

$$E_t = \frac{10^{\Delta\varphi/0.059} - 10^{-\Delta\varphi/0.059}}{10^{\Delta\varphi^{\ominus}/(2 \times 0.059)}} \times 100\% \tag{6-10}$$

② 当 $n_1 \neq n_2$，但两电对仍为对称电对，其终点误差公式为：

$$E_t = \frac{10^{n_1 \Delta\varphi/0.059} - 10^{-n_2 \Delta\varphi/0.059}}{10^{n_1 n_2 \Delta\varphi/[0.059(n_1 + n_2)]}} \times 100\% \tag{6-11}$$

终点误差不仅与 $\varphi_{ep}^{\ominus}$（$\Delta\varphi_{ep}^{\ominus\prime}$）、$n_1$、$n_2$ 有关，还与 $\Delta\varphi_{ep}$ 有关。$\Delta\varphi_{ep}^{\ominus}$（$\Delta\varphi_{ep}^{\ominus\prime}$）越大，误差越小。$\Delta\varphi_{ep}$ 越小，即终点离化学计量点越近，终点误差越小。

知识点三　常用滴定方法

一、高锰酸钾法

1. 基本原理

反应需在强酸中进行，且通常为 H_2SO_4 才能全部生成 Mn^{2+}。

2. 指示剂

$KMnO_4$ 作自身指示剂，以出现粉红色且 30s 不褪为终点。若标准溶液的浓度较低（$0.002 mol \cdot L^{-1}$ 以下），可选用二苯胺磺酸钠等氧化还原指示剂指示终点。

3. 标准溶液的配制与标定

高锰酸钾在制备和储存过程中，常混入少量二氧化锰杂质，蒸馏水中常含有少量有机杂质，能还原 $KMnO_4$ 使其水溶液浓度在配制初期有较大变化，因此不能用直接法配制标准溶液。用间接法配制时 $KMnO_4$ 标准溶液时，常将溶液煮沸以加速与其杂质的反应，并将配成的溶液盛在棕色玻璃瓶中在冷暗处放置 7～10 天，待浓度稳定后，过滤除去 MnO_2 等杂质，方可进行标定。

标定 $KMnO_4$ 溶液常用的基准物有：As_2O_3、$Na_2C_2O_4$、$H_2C_2O_4 \cdot 2H_2O$ 等。标定时应注意：

① 温度　一般控制在 75～85℃。

② 酸度　用 H_2SO_4 调节酸度，滴定刚开始的酸度一般应控制在约 $1 mol \cdot L^{-1}$。

③ 滴定速度　刚开始滴定的速度不宜太快。

④ 催化剂　在滴定前可加几滴 $MnSO_4$ 溶液。

⑤ 指示剂　一般情况下，高锰酸钾自身可作为指示剂。

4. 应用与示例

滴定方法选用高锰酸钾法时，可根据待测物质的性质采用不同的滴定方法选用直接滴定法、间接滴定法和返滴定法。例如：H_2O_2 的测定、钙盐中钙的测定、软锰矿中的 MnO_2 含量的测定、某些有机化合物的测定和化学需氧量COD_{Mn}的测定。

二、重铬酸钾法

1. 基本原理

重铬酸钾滴定法是用重铬酸钾作滴定剂的一种氧化还原滴定法。重铬酸钾是一种常用的氧化剂，在酸性溶液中与还原剂作用时，$Cr_2O_7^{2-}$ 被还原为 Cr^{3+}：

$$Cr_2O_7^{2-} + 14H^+ + 6e^- \longrightarrow 2Cr^{3+} + 7H_2O, \quad \varphi_{Cr_2O_7^{2-}/Cr^{3+}}^{\ominus} = 1.33V$$

重铬酸钾法具有如下优点：①$K_2Cr_2O_7$ 容易提纯，在 $140 \sim 180℃$ 干燥后，可以直接称量配制标准溶液。②$K_2Cr_2O_7$ 标准溶液非常稳定，可以长期保存。③$K_2Cr_2O_7$ 的氧化能力没有 $KMnO_4$ 强，但选择性较高。

与高锰酸钾法比较，在室温和 $1mol·L^{-1}$ 盐酸条件下，重铬酸钾不与 Cl^- 反应，故该法主要用于在盐酸介质中测定铁矿石的含铁量，方法快速、准确。但当 HCl 的浓度太大或将溶液煮沸时，$K_2Cr_2O_7$ 也能部分地被 Cl^- 还原。

2. 指示剂

$K_2Cr_2O_7$ 溶液为橘黄色，$K_2Cr_2O_7$ 的还原产物 Cr^{3+} 呈绿色，终点时无法辨别出过量的 $K_2Cr_2O_7$ 的黄色，因而须加入氧化还原指示剂，常用二苯胺磺酸钠指示剂。

3. 重铬酸钾法应用实例

重铬酸钾法主要用于测定 Fe^{2+}，是铁矿中全铁含量测定的标准方法。另外，通过 $Cr_2O_7^{2-}$ 与 Fe^{2+} 的反应还可以测定其他氧化性物质或还原性物质。例如，土壤中有机质的测定，可先用一定量过量的 $K_2Cr_2O_7$ 将有机质氧化，然后再以 Fe^{2+} 标准溶液回滴剩余量的 $K_2Cr_2O_7$。

三、碘量法

1. 基本原理

碘量法是以碘作为氧化剂，或以碘化物作为还原剂，进行氧化还原滴定的方法。

① 直接碘量法　以 I_2 标液为滴定剂的碘量法。凡电极电位低于 I_2/I^- 电对的，其还原型可用 I_2 标准溶液直接滴定。直接碘量法只能在酸性、中性或弱碱性溶液中进行。

② 间接碘量法　以 $Na_2S_2O_3$ 标液为滴定剂的碘量法。凡标准电极电位高于 I_2/I^- 电对的，其氧化型可将加入的 I^- 氧化成 I_2，再用 $Na_2S_2O_3$ 标准溶液滴定置换出来的 I_2，这种滴定方法叫作间接碘量法。间接碘量法要求在中性或弱酸性溶液中进行。

还有些还原性物质与 I_2 的反应速率慢，可先加入过量的 I_2 标准溶液，待反应完全后，用 $Na_2S_2O_3$ 标准溶液滴定剩余的 I_2，这种滴定方法叫作返滴定碘量法。

2. 误差来源及措施

误差来源主要有 I_2 的挥发和 I^- 的氧化。

① 防止碘挥发的方法：加入过量 KI；在室温下进行；使用碘量瓶；快滴慢摇。

② 防止碘离子氧化的方法：溶液酸度不宜过高；密塞避光放置；除去催化性杂质（NO_2^-，Cu^{2+}）。

③ I_2 完全析出后立即滴定；滴定速度稍快。

3. 指示剂

碘量法中应用最多的是淀粉指示剂。滴定时应注意淀粉指示剂的加入时刻。直接碘量法可于滴定前加入，滴定至浅蓝色出现即为终点。间接碘量法则须在临近终点时加入，滴定至蓝色消失即为终点。如果过早加入，溶液中有大量碘存在，碘被淀粉表面牢固吸附，不易与 $Na_2S_2O_3$ 立即作用，致使终点拖后。

淀粉指示剂应取可溶性直链淀粉新鲜配制，放置过久会腐败变质。支链淀粉只能松动地吸附 I_2，形成一种红紫色产物，不能用作碘量法的终点指示剂。

4. 标准溶液的配制与标定

（1）碘标准溶液

① 为了避免 KI 的氧化，配制好的碘标准溶液，须盛于棕色瓶中，密封存放。

② 碘标准溶液的准确浓度，可采用已知浓度的硫代硫酸钠溶液标定；也可用基准物 As_2O_3 进行标定。

（2）硫代硫酸钠标准溶液

硫代硫酸钠标准溶液不稳定，原因有以下几点。

① 水中溶解的 CO_2 易使 $Na_2S_2O_3$ 分解：

$$S_2O_3^{2-} + CO_2 + H_2O \longrightarrow HSO_3^- + HCO_3^- + S\downarrow$$

② 空气氧化：

$$S_2O_3^{2-} + \frac{1}{2}O_2 \longrightarrow SO_4^{2-} + S\downarrow$$

③ 水中微生物作用：

$$Na_2S_2O_3 \longrightarrow Na_2SO_3 + S\downarrow$$

在配制 $Na_2S_2O_3$ 标准溶液时，应注意以下问题：

① 采用新煮沸放冷的蒸馏水，这样既可除去水中残留的 CO_2 和 O_2，又能杀死微生物。

② 加入少量 Na_2CO_3 作为稳定剂，使溶液呈弱碱性，抑制细菌生长。

③ 储于棕色瓶中，于暗处保存，待浓度稳定后（7～10 天），再进行标定。

5. 应用与示例

① 铜合金中铜的测定　测定 Cu 时，KI 既是还原剂，又是沉淀剂，还是配位剂。由于 CuI 沉淀表面吸附 I_2，导致分析结果偏低。为减少 CuI 对 I_2 的吸附，保证分析结果的准确度，可在大部分 I_2 被 $Na_2S_2O_3$ 溶液滴定后，加入 NH_4SCN 使 CuI 转化为溶解度更小、对 I_2 吸附能力小的 CuSCN：

$$CuI + SCN^- \longrightarrow CuSCN\downarrow + I^-$$

② 漂白粉中有效氯的测定。

③ 某些有机物的测定。

④ 卡尔·费休（Karl Fischer）法测定水。

四、其他氧化还原滴定法

（1）亚硝酸钠法

亚硝酸钠法包括重氮化滴定法和亚硝基化滴定法。

① 重氮化滴定法：

$$ArNH_2 + NaNO_2 + 2HCl \longrightarrow [Ar-\overset{+}{N}\equiv N]Cl^- + NaCl + 2H_2O$$

② 亚硝基化滴定法：

$$ArNHR + NaNO_2 + HCl \longrightarrow Ar-N(NO)-R + NaCl + H_2O$$

亚硝酸钠标准溶液常用间接法配制。

常用指示剂为 KI-淀粉指示剂：

$$2NO_2^- + 2I^- + 4H^+ \Longrightarrow I_2 + 2NO\uparrow + 2H_2O$$

（2）溴酸钾法及溴量法

① 溴酸钾法是以 $KBrO_3$ 标液为滴定剂的氧化还原滴定法。溴酸钾是强氧化剂，在酸性溶液中：

$$BrO_3^- + 6H^+ + 6e^- \longrightarrow Br^- + 3H_2O, \quad \varphi^{\ominus} = 1.44V$$

用溴酸钾标液直接滴定的还原性物质有 $As(\text{III})$、Sb^{3+}、Fe^{2+}、Sn^{2+}、H_2O_2 等。

② 将过量的 KBr 加到一定量的 $KBrO_3$ 标准溶液中，配成 $KBr-KBrO_3$ 标准溶液，即所谓溴液。以溴液为标准溶液的氧化还原滴定法称为溴量法。

（3）铈量法

硫酸铈法（铈量法）是以硫酸铈 $Ce(SO_4)_2$ 作为滴定液，在酸性条件下测定还原性物质的滴定方法。其氧化还原半反应如下：

$$Ce^{4+} + e^- \longrightarrow Ce^{3+}, \quad \varphi^{\ominus}_{Ce^{4+}/Ce^{3+}} = 1.61V$$

Ce^{4+}/Ce^{3+} 电对的条件电极电位与酸的种类和浓度有关。

铈量法的优点是：

① 易于提纯，可以直接配制标准溶液。

② 溶液稳定，放置较长时间或加热煮沸也不易分解。

③ 反应简单，副反应少。

④ 多选用邻二氮菲-Fe(II) 为指示剂。

凡 $KMnO_4$ 法能测定的物质几乎都能用铈量法测定。但铈盐价贵，实际应用不太多。

思考题和习题解答

思考题

1. 处理氧化还原平衡时，为什么引入条件电极电位？影响条件电极电位因素有哪些？

答 （1）能斯特方程中，是用离子的活度而非离子的浓度计算可逆氧化还原电对的电位。然而，实际上往往忽略了溶液中离子强度的影响，以浓度代替活度进行计算，但是在溶液浓度较大时，溶液中离子强度不可忽略。另外，溶液组成的改变（如有副反应如配位和沉淀反应发生）也会影响电极的标准电对电位。为此，引入了条件电极电位。

（2）影响条件电极电位因素有：①盐效应，离子强度的影响，但是与副反应相比，离子强度一般可忽略。②副反应，加入和氧化态产生副反应（配位反应或沉淀反应）的物质，使电对电极电位减小；加入和还原态产生副反应（配位反应或沉淀反应）的物质，使电对电极电位增加。③酸效应，有 H^+ 或 OH^- 参加的氧化还原半反应，酸度影响电极电位，影响结果视具体情况而定。

2. 如何判断氧化还原反应进行的完全程度？是否平衡常数大的氧化还原反应都能用于氧化还原滴定中？为什么？

答 （1）氧化还原反应进行的程度可以通过反应的平衡常数 K 或条件平衡常数 K' 判断，而对应的 K 或 K' 可以从有关电对的标准电位 $\varphi^{\ominus}$ 或条件电位 $\varphi^{\ominus'}$ 求得。

若用 K' 判断，$\lg K' \geqslant 3(n_2 + n_1)$：

$$\lg K' = \lg \frac{c_{Red1}^{n_2} c_{Ox_2}^{n_1}}{c_{Ox_1}^{n_2} c_{Red_2}^{n_1}} = \lg \frac{99.9^{n_2} \times 99.9^{n_1}}{0.1^{n_2} \times 0.1^{n_1}} \approx 3(n_1 + n_2)$$

n 是 n_1、n_2 的最小公倍数。

若两个电对转移的电子数相等，且为 1，即 $n_1 = n_2 = 1$，则 $\lg K' \geqslant 6$，要求：

$$\varphi_1^{\ominus} - \varphi_2^{\ominus} = \frac{0.059}{n} \lg K' \geqslant 0.059 \times 6 = 0.35(V)$$

若两个电对转移的电子数不相等，例如 $n_1 = 1$，$n_2 = 2$，则 $\lg K' \geqslant 9$，要求：

$$\varphi_1^{\ominus'} - \varphi_2^{\ominus'} = \frac{0.059}{n} \lg K' \geqslant \frac{0.059 \times 9}{2} = 0.27(V)$$

（2）不一定。虽然 K' 很大，但如果反应不能以一定的化学计量关系或反应的速率很慢，都不能用于氧化还原滴定中。

3. 影响氧化还原反应速率的主要因素有哪些？如何加速反应的进行？

答 影响氧化还原反应速率的主要因素有反应物的浓度、温度、催化剂、诱导作用；增加反应物的浓度、升高溶液的温度、加入正催化剂或有诱导反应存在等都可加速反应的完成。

4. 哪些因素影响氧化还原滴定的突跃范围的大小？如何确定化学计量点的电极电位？

答 （1）对于反应：

$$n_2 Ox_1 + n_1 Red_2 \Longrightarrow n_2 Red_1 + n_1 Ox_2$$

化学计量点前 0.1%：

$$\varphi = \varphi_{Ox_2/Red_2}^{\ominus'} + \frac{0.059}{n_2} \lg \frac{c_{Ox_2}}{c_{Red_2}} = \varphi_{Ox_2/Red_2}^{\ominus'} + \frac{3 \times 0.059}{n_2}$$

化学计量点后 0.1%：

$$\varphi = \varphi_{Ox_1/Red_1}^{\ominus'} + \frac{0.059}{n_1} \lg \frac{c_{Ox_1}}{c_{Red_1}} = \varphi_{Ox_1/Red_1}^{\ominus'} - \frac{3 \times 0.059}{n_1}$$

所以凡能影响两条件电极电位的因素（如副反应、滴定时的介质）都将影响滴定突跃范围，此外与 n_1，n_2 有关，但与滴定剂及被测溶液的浓度无关。

（2）对于可逆对称氧化还原反应：

$$\varphi_{sp} = \frac{n_1 \varphi_1^{\ominus} + n_2 \varphi_2^{\ominus}}{n_1 + n_2}$$

与氧化剂和还原剂的浓度无关。

对可逆不对称氧化还原反应：

$$n_2 Ox_1 + n_1 Red_2 \Longrightarrow a n_2 Red_1 + b n_1 Ox_2$$

$$\varphi_{sp} = \frac{n_1 \varphi_1^{\ominus'} + n_2 \varphi_2^{\ominus'}}{n_1 + n_2} + \frac{0.059}{n_1 + n_2} \lg \frac{b[Ox_2]^{b-1}}{a[Red_1]^{a-1}}$$

与氧化剂和还原剂的浓度有关；对有 H^+ 参加的氧化还原反应，还与 $[H^+]$ 有关。

5. 氧化还原滴定中，如何确定终点？氧化还原指示剂指示滴定终点的原理是什么？

答 （1）氧化还原滴定中，确定终点方法有：用指示剂（自身指示剂、专属指示剂和氧化还原指示剂）确定终点；电位滴定法中用电压变化可确定滴定终点。

（2）氧化还原指示剂本身具有氧化还原性质，其氧化态和还原态具有不同颜色，可利用其氧化反应或还原反应发生颜色变化以指示终点。

6. 氧化还原滴定之前，为什么要进行预处理？对预处理所用的氧化剂或还原剂有哪些要求？

答 （1）在氧化还原滴定时，待测定的组分的价态通常不是滴定反应所需要的价态，因此，需将被测组分氧化为高价态后用还原剂滴定，或将被测组分还原为低价态后用氧化剂滴定。

（2）一般来说，滴定前所选用的预氧化剂或预还原剂应满足下列条件：

① 可将被测组分定量转变为所需价态，反应速率尽可能快。

② 反应具有一定的选择性。

③ 过量的预氧化剂或预还原剂易于除去。

④ 常用的除去方法有加热分解、过滤和利用化学反应等。

7. 某同学如下配制 $0.02mol \cdot L^{-1}$ $KMnO_4$ 溶液，请指出其错误。准确称取 1.581g 固体 $KMnO_4$，用煮沸过的蒸馏水溶解，转移至 500mL 容量瓶，稀释至刻度，然后用干燥的滤纸过滤。

答 （1）$KMnO_4$ 试剂纯度不高，不能直接配制，因此不必准确称量，也不必使用容量瓶。

（2）应将 $KMnO_4$ 与蒸馏水共煮一定时间，而不是单独煮沸蒸馏水。这样可使蒸馏水中还原物质与 $KMnO_4$ 反应，配制好的 $KMnO_4$ 溶液于暗处放置数天。

（3）标定 $KMnO_4$ 溶液时，先滤去 MnO_2，应当采用玻璃砂芯漏斗抽滤，用滤纸会引入还原物质，而使 $KMnO_4$ 还原为 MnO_2，使 $KMnO_4$ 不稳定。

8. 碘量法的主要误差来源有哪些？为什么碘量法要在适宜的 pH 条件下进行？

答 碘量法的误差来源有溶液中 H^+ 浓度的影响及 I_2 的挥发和 I^- 的被氧化。

碘量法如果在高 pH 值条件下进行，将有副反应发生：

$$S_2O_3^{2-} + 4I_2 + 10OH^- \Longrightarrow 2SO_4^{2-} + 8I^- + 5H_2O$$

且 I_2 在碱性溶液中会发生歧化反应：

$$3I_2 + 6OH^- \Longrightarrow IO_3^- + 5I^- + 3H_2O$$

如果在低 pH 值条件下进行，$Na_2S_2O_3$ 发生分解：

$$S_2O_3^{2-} + 2H^+ \Longrightarrow S\downarrow + SO_2\uparrow + H_2O$$

同时，在酸性溶液中 I^- 容易被空气中的氧所氧化：

$$4I^- + 4H^+ + O_2 \Longrightarrow 2I_2 + 2H_2O$$

所以碘量法不适合在低 pH 值或高 pH 值条件下进行，否则不能保证 $S_2O_3^{2-}$ 与 I_2 的反应定量迅速地反应完全。

9. 请回答 $K_2Cr_2O_7$ 标定 $Na_2S_2O_3$ 时实验中的有关问题。

（1）为何不采用直接法标定，而采用间接碘量法标定？

（2）$Cr_2O_7^{2-}$ 氧化 I^- 反应为何要加酸，并加盖在暗处放置 5min，而用 $Na_2S_2O_3$ 滴定前又要加蒸馏水稀释？若到达终点后蓝色又很快出现说明什么？应如何处理？

（3）测定时为什么要用碘量瓶？

答 （1）因为 $Cr_2O_7^{2-}$ 与 $S_2O_3^{2-}$ 直接反应无确定计量关系，产物不仅有 $S_4O_6^{2-}$ 还有 SO_4^{2-}，而 $Cr_2O_7^{2-}$ 与 I^- 以及 I_2 与 $S_2O_3^{2-}$ 的反应均有确定的计量关系。

（2）$Cr_2O_7^{2-}$ 是含氧酸盐，必在酸性溶液中才有足够强的氧化性；放置 5min 是因为反应慢；放于暗处是为避免光催化空气中 O_2 将 I^- 氧化 I_2。滴定前稀释则是为避免高酸度下空气中 O_2 将 I^- 氧化 I_2，同时使 Cr^{3+} 的绿色变浅，终点变色明显。若终点后很快出现蓝色，说明 $Cr_2O_7^{2-}$ 氧化 I^- 反应不完全，应弃去重做。

（3）使用碘量瓶是为了避免 I_2 的挥发。

10. 在碘量法测定铜的过程中，加入 KI、NH_4HF_2 和 KSCN 的作用分别是什么？

答 （1）加入 KI 的作用：还原剂 $Cu^{2+} \rightarrow Cu^+$；沉淀剂 $Cu^+ \rightarrow CuI$；配位剂 $I_2 \rightarrow I_3^-$。

（2）加入 NH_4HF_2 的作用是：作缓冲剂，控制 pH＝3～4，防止 Cu^{2+} 水解，配位掩蔽 Fe^{3+}，防止共存的 Fe^{3+} 氧化 I^-，消除 Fe^{3+} 干扰。

（3）加入 KSCN 的作用是：使 CuI 转化为 CuSCN，减少对 I_2 吸附，提高准确度。

习　题

一、选择题

1	2	3	4	5	6	7	8	9	10
D	B	A	C	B	B	B	A	D	D

二、填空题

1. 0.50。

2. 无，$Na_2S_2O_3$ 过量。

3. 煮沸的蒸馏水，为了除 CO_2、O_2 和杀死细菌，因为它们均能使 $Na_2S_2O_3$ 分解。

4. 0.4390。

5. 偏低（$C_2O_4^{2-}$ 分解），偏高（生成 $MnO_2\downarrow$）。

6. I_2 的挥发，I^- 的氧化。

7. 偏高，偏低。

三、判断题

1	2	3	4	5	6	7
√	×	√	√	√	×	√

四、计算题

1. 计算 pH＝8.0 时，As(Ⅴ)/As(Ⅲ)电对的条件电位（忽略离子强度的影响），并从计算结果判断以下反应的方向：$H_3AsO_4 + 2H^+ + 3I^- \rightleftharpoons HAsO_2 + I_3^- + 2H_2O$。已知：$\varphi^{\ominus}_{As(Ⅴ)/As(Ⅲ)} = 0.58V$；$\varphi^{\ominus}_{I_3^-/I^-} = 0.54V$。pH＝8 时，$\delta_{H_3AsO_4} = 10^{-7.0}$，$\delta_{HAsO_2} = 1$。

解 $[H_3AsO_4] = \delta_{H_3AsO_4} c_{As(Ⅴ)}$，$[HAsO_2] = \delta_{HAsO_2} c_{As(Ⅲ)}$

$$\varphi_{As(V)/As(III)} = \varphi_{As(V)/As(III)}^{\ominus} + \frac{0.059}{2}\lg\frac{[H_3AsO_4][H^+]^2}{[HAsO_2]}$$

$$= \varphi_{As(V)/As(III)}^{\ominus} + \frac{0.059}{2}\lg\frac{\delta_{H_3AsO_4}c_{As(V)}[H^+]^2}{\delta_{HAsO_2}c_{As(III)}}$$

$$\varphi_{As(V)/As(III)}^{\ominus'} = \varphi_{As(V)/As(III)}^{\ominus} + \frac{0.059}{2}\lg\frac{\delta_{H_3AsO_4}}{\delta_{HAsO_2}} + \frac{0.059}{2}\lg[H^+]^2$$

$$= 0.58 + \frac{0.059}{2}\times\lg10^{-7.0} + \frac{0.059}{2}\times\lg10^{-16} = -0.10(V)$$

当 pH=8.00 时,$H_3AsO_4/HAsO_2$ 的 $\varphi^{\ominus'}(-0.10V) < \varphi_{I_3^-/I^-}^{\ominus}(0.54V)$,故 I_2 可氧化 As(III) 为 As(V),即:

$$HAsO_2 + I_3^- + 2H_2O \Longrightarrow H_3AsO_4 + 2H^+ + 3I^-$$

这是标定 I_2 标准溶液的方程式。

2. 忽略离子强度影响,计算 pH=4.00,$c_{F^-}=0.10\text{mol·L}^{-1}$ 时 Fe^{3+}/Fe^{2+} 电对的条件电极电位。

解 查表得 $K_{a(HF)}=6.6\times10^{-4}$

$$\varphi = \varphi_{Fe^{3+}/Fe^{2+}}^{\ominus} + 0.059\lg\frac{[Fe^{3+}]}{[Fe^{2+}]}$$

$$= \varphi_{Fe^{3+}/Fe^{2+}}^{\ominus} + 0.059\lg\frac{\alpha_{Fe^{2+}(F)}}{\alpha_{Fe^{3+}(F)}} + 0.059\lg\frac{c_{Fe^{3+}}}{c_{Fe^{2+}}}$$

pH=4.00 时,$[F^-]=\delta_{F^-}c_{F^-}=\dfrac{6.6\times10^{-4}}{10^{-4.00}+6.6\times10^{-4}}\times0.10=10^{-1.06}(\text{mol·L}^{-1})$

$\alpha_{Fe^{3+}(F)}=1+\beta_1[F^-]+\beta_2[F^-]^2+\beta_3[F^-]^3+\beta_5[F^-]^5$(注仅有这些参数)

$=1+10^{5.28}\times10^{-1.06}+10^{9.30}\times10^{-2\times1.06}+10^{12.06}\times10^{-3\times1.06}+10^{15.77}\times10^{-5\times1.06}$

$=3.0\times10^{10}$

$\alpha_{Fe^{2+}(F)}=1$

$$\varphi_{Fe^{3+}/Fe^{2+}}^{\ominus'} = \varphi_{Fe^{3+}/Fe^{2+}}^{\ominus'} + 0.059\lg\frac{\alpha_{Fe^{2+}(F)}}{\alpha_{Fe^{3+}(F)}}$$

$$= 0.77 + 0.059\times\lg\frac{1}{3.0\times10^{10}} = 0.15(V)$$

3. 计算 pH=10 的氨性缓冲溶液($c_{NH_3}=0.1\text{mol·L}^{-1}$)中 Zn^{2+}/Zn 电对的条件电位(忽略离子强度的影响)。已知:NH_3 的 $K_b=1.8\times10^{-5}$,Zn^{2+} 和 NH_3 配合物的 $\beta_1\sim\beta_4$:$10^{2.27}$、$10^{4.61}$、$10^{7.01}$、$10^{9.06}$。

解 $\delta_{NH_3}=\dfrac{[OH^-]}{[OH^-]+K_b}=\dfrac{10^{-4}}{10^{-4}+10^{-4.75}}=0.85$

$[NH_3]=c\delta_{NH_3}=0.1\times0.85=10^{-1.07}$

$\alpha_{Zn(NH_3)}=1+\beta_1[NH_3]+\beta_2[NH_3]^2+\beta_3[NH_3]^3+\beta_4[NH_3]^4$

$=1+10^{2.27}\times10^{-1.07}+10^{4.61}\times10^{-2.14}+10^{7.01}\times10^{-3.21}+10^{9.06}\times10^{-4.28}$

$=10^{4.82}$

$\alpha_{Zn}=\alpha_{Zn(NH_3)}+\alpha_{Zn(OH)}-1\approx10^{4.82}$

$$\varphi_{Zn^{2+}/Zn}=\varphi_{Zn^{2+}/Zn}^{\ominus}+\frac{0.059}{2}\lg\frac{1}{\alpha_{Zn}}+\lg c_{Zn^{2+}}$$

$$\varphi_{Zn^{2+}/Zn}^{\ominus\prime} = \varphi_{Zn^{2+}/Zn}^{\ominus} + \frac{0.059}{2}\lg\frac{1}{\alpha_{Zn}}$$

$$= -0.763 + \frac{0.059}{2}\times\lg\frac{1}{10^{4.82}}$$

$$= -0.91(V)$$

4. 在 $1mol\cdot L^{-1}HCl$ 溶液中用 Fe^{3+} 溶液滴定 Sn^{2+} 时，计算：

(1) 此氧化还原反应的平衡常数及化学计量点时反应进行的程度。

(2) 滴定的电位突跃范围。

(3) 在此滴定中应选用什么指示剂？用所选指示剂时滴定终点是否和化学计量点一致？

解

$$2Fe^{3+} + Sn^{2+} \Longrightarrow 2Fe^{2+} + Sn^{4+}$$

$$\varphi_{Fe^{3+}/Fe^{2+}}^{\ominus\prime} = 0.68V,\quad \varphi_{Sn^{4+}/Sn^{2+}}^{\ominus\prime} = 0.14V$$

(1) $\lg K' = \dfrac{n}{0.059}(\varphi_{Fe^{3+}/Fe^{2+}}^{\ominus\prime} - \varphi_{Sn^{4+}/Sn^{2+}}^{\ominus\prime}) = \dfrac{2\times(0.68-0.14)}{0.059} = 18.3$

$$K' = 2.0\times10^{18}$$

令 Fe^{3+} 已反应 x，则：

$$\lg K' = \frac{[Fe^{2+}]^2[Sn^{4+}]}{[Fe^{3+}]^2[Sn^{2+}]} = \lg\frac{(x)^2}{(1-x)^2}\times\frac{x}{1-x} = 18.3$$

$$x = 99.9999\%$$

(2) 化学计量点前：$\varphi = \varphi_{Sn^{4+}/Sn^{2+}}^{\ominus\prime} + \dfrac{0.059}{2}\times\lg\dfrac{99.9}{0.1} = 0.23(V)$

化学计量点后：$\varphi = \varphi_{Fe^{3+}/Fe^{2+}}^{\ominus\prime} + 0.059\times\lg\dfrac{0.1}{100} = 0.50(V)$

化学计量点：$\varphi_{sp} = \dfrac{0.68 + 2\times0.14}{1+2} = 0.32(V)$

突跃范围为 $0.23\sim0.50V$。

(3) 选用亚甲基蓝作指示剂（$\varphi_{In}^{\ominus\prime} = 0.36V$），不一致。

5. 计算在 $pH = 3.0$ 时，$c_{EDTA} = 0.01mol\cdot L^{-1}$ 时 Fe^{3+}/Fe^{2+} 电对的条件电位。

解 查表得：$\lg K_{FeY^-} = 25.1$，$\lg K_{FeY^{2-}} = 14.32$，$\varphi_{Fe^{3+}/Fe^{2+}}^{\ominus} = 0.77V$。

$pH = 3.0$ 时，$\alpha_{Y(H)} = 10^{10.60}$，则

$$[Y] = \frac{c_Y}{\alpha_{Y(H)}} = \frac{10^{-2.0}}{10^{10.60}} = 10^{-12.60}$$

$$\alpha_{Fe^{2+}(Y)} = 1 + [Y]K_{FeY^{2-}} = 1 + 10^{-12.60+14.32} = 10^{1.72}$$

$$\alpha_{Fe^{3+}(Y)} = 1 + [Y]K_{FeY^-} = 1 + 10^{-12.60+25.1} = 10^{12.5}$$

忽略离子强度的影响，则：

$$\varphi^{\ominus\prime} = \varphi_{Fe^{3+}/Fe^{2+}}^{\ominus} + 0.059\lg\frac{\alpha_{Fe^{2+}(Y)}}{\alpha_{Fe^{3+}(Y)}}$$

$$= 0.77 + 0.059\times\lg\frac{10^{1.72}}{10^{12.5}} = 0.13(V)$$

6. 在 $1mol\cdot L^{-1}H_2SO_4$ 介质中，以 $0.1000mol\cdot L^{-1}Cs^{4+}$ 溶液滴定 $0.1000mol\cdot L^{-1}Fe^{2+}$ 溶液，选用硝基邻二氮菲-亚铁为指示剂（$\varphi_{In}^{\ominus\prime} = 1.25V$），计算终点误差。

解 $\varphi_{Cs^{4+}/Cs^{3+}}^{\ominus\prime} = 1.44V$，$\varphi_{Fe^{3+}/Fe^{2+}}^{\ominus\prime} = 0.68V$，硝基邻二氮菲-亚铁条件电极电位 $\varphi_{In}^{\ominus\prime} =$

1.25V。则：

$$\Delta\varphi^{\ominus'}=1.44-0.68=0.76(\text{V})$$

$$\varphi_{sp}=\frac{1.44+0.68}{2}=1.06(\text{V})$$

$$\varphi_{ep}=1.25(\text{V})$$

$$\Delta\varphi=1.25-1.06=0.19(\text{V})$$

$$E_t=\frac{10^{\Delta\varphi/0.059}-10^{-\Delta\varphi/0.059}}{10^{\Delta\varphi^{\ominus'}/(2\times0.059)}}\times100\%$$

$$=\frac{10^{0.19/0.059}-10^{-0.19/0.059}}{10^{0.76/(0.059\times2)}}\times100\%$$

$$=\frac{10^{3.22}-10^{-3.22}}{10^{6.44}}\times100\%=0.06\%$$

7. 称取铜矿试样0.6000g，用酸溶解后，控制溶液的pH=3～4，用20.00mL $Na_2S_2O_3$ 溶液滴定至终点。1mL $Na_2S_2O_3$ 溶液相当于0.004175g $KBrO_3$。计算 $Na_2S_2O_3$ 溶液的准确浓度及试样中 Cu_2O 的质量分数。

解 有关反应为：

$$6S_2O_3^{2-}+BrO_3^-+6H^+=\!=\!=3S_4O_6^{2-}+Br^-+3H_2O$$
$$2Cu+2S_2O_3^{2-}=\!=\!=2Cu^++S_4O_6^{2-}$$

故：

$$6S_2O_3^{2-}\sim BrO_3^-$$
$$6\text{mol}\qquad 167.01\text{g}$$
$$c\times1\times10^{-3}\text{mol}\qquad 0.004175\text{g}$$

$$c_{Na_2S_2O_3}=\frac{6\times0.004175}{1\times10^{-3}\times167.01}=0.1500(\text{mol}\cdot\text{L}^{-1})$$

又 $2S_2O_3^{2-}\sim2Cu\sim Cu_2O$

$$w_{Cu_2O}=\frac{\frac{1}{2}n_{S_2O_3^{2-}}M_{Cu_2O}}{m_{样}}\times100\%=\frac{\frac{1}{2}\times20.00\times0.1500\times10^{-3}\times143.09}{0.6000}\times100\%$$
$$=35.77\%$$

8. 分析某试样中 Na_2S 含量。称取试样0.5000g，溶于水后，加入 NaOH 至碱性，加入过量 $0.02000\text{mol}\cdot\text{L}^{-1}$ $KMnO_4$ 标准溶液25.00mL，将 S^{2-} 氧化成 SO_4^{2-}。此时 $KMnO_4$ 被还原成 MnO_2，过滤除去，将滤液酸化，加入过量 KI，再用 $0.1000\text{mol}\cdot\text{L}^{-1}$ $Na_2S_2O_3$ 标准溶液滴定析出的 I_2，消耗 $Na_2S_2O_3$ 溶液7.50mL，求试样中 Na_2S 的含量。

解 有关反应为：

$$3S^{2-}+8MnO_4^-+4H_2O=\!=\!=8MnO_2\downarrow+3SO_4^{2-}+8OH^-$$
$$2MnO_4^-+10I^-+16H^+=\!=\!=5I_2+2Mn^{2+}+8H_2O$$
$$I_2+2S_2O_3^{2-}=\!=\!=2I^-+S_4O_6^{2-}$$

化学计量关系为：

$$3S^{2-}\sim8MnO_4^-,\quad KMnO_4\sim5Na_2S_2O_3$$

$$w_{Na_2S}=\frac{\frac{3}{8}\left[(cV)_{KMnO_4}-\frac{1}{5}(cV)_{Na_2S_2O_3}\right]}{0.5000}\times M_{Na_2S}\times100\%$$

$$= \frac{\frac{3}{8} \times (0.02000 \times 25.00 - \frac{1}{5} \times 0.1000 \times 7.50) \times 10^{-3}}{0.5000} \times 78.04 \times 100\%$$

$$= 2.05\%$$

9. 化学耗氧量（COD）的测定。取废水样 100.0mL 用 H_2SO_4 酸化后，加入 25.00mL $0.01667mol \cdot L^{-1}$ $K_2Cr_2O_7$ 溶液，以 Ag_2SO_4 为催化剂，煮沸一定时间，待水样中还原性物质较完全地氧化后，以邻二氮杂菲-亚铁为指示剂，用 $0.1000mol \cdot L^{-1}$ $FeSO_4$ 溶液滴定剩余的 $K_2Cr_2O_7$，用去 15.00mL $FeSO_4$ 溶液。计算废水样中化学耗氧量，以 $mg \cdot L^{-1}$ 表示。

解 有关反应为：

$$2Cr_2O_7^{2-} + 3C + 16H^+ \rightleftharpoons 4Cr^{3+} + 3CO_2 + 8H_2O$$

$$Cr_2O_7^{2-} + 6Fe^{2+} + 14H^+ \rightleftharpoons 2Cr^{3+} + 6Fe^{2+} + 7H_2O$$

化学计量关系为：$3C \sim 2Cr_2O_7^{2-}$，$6Fe \sim Cr_2O_7^{2-}$

$$COD = \frac{(n_{总K_2Cr_2O_7} - n_{剩K_2Cr_2O_7}) \times \frac{3}{2} \times M_{O_2}}{V_{样}}$$

$$= \frac{\left(0.01667 \times 25.00 \times 10^{-3} - \frac{1}{6} \times 0.1000 \times 15.00 \times 10^{-3}\right) \times \frac{3}{2} \times 32 \times 10^3}{\frac{100}{1000}}$$

$$= 80.04 (mg \cdot L^{-1})$$

10. 称取软锰矿试样 0.100g，经碱熔后得到 MnO_4^{2-}。煮沸溶液以除去过氧化物。酸化溶液时 MnO_4^{2-} 歧化为 MnO_4^- 和 MnO_2。滤去 MnO_2 后用 $0.1020mol \cdot L^{-1}$ Fe^{2+} 标准溶液滴定 MnO_4^-，耗去 24.50mL Fe^{2+} 标准溶液。计算试样中 MnO_2 的含量。

解 有关反应如下：

$$MnO_2 + Na_2O_2 \rightleftharpoons Na_2MnO_4$$

$$3MnO_4^{2-} + 4H^+ \rightleftharpoons 2MnO_4^- + MnO_2 + 2H_2O$$

$$MnO_4^- + 5Fe^{2+} + 8H^+ \rightleftharpoons Mn^{2+} + 5Fe^{3+} + 4H_2O$$

化学计量关系：$1MnO_2 \sim \frac{10}{3}Fe^{2+}$

故：$$w_{MnO_2} = \frac{\frac{3}{10} c_{Fe^{2+}} \times V_{Fe^{2+}} M_{MnO_2}}{m_s} \times 100\%$$

$$= \frac{\frac{3}{10} \times 0.1020 \times 24.50 \times 86.94}{0.1000g \times 1000} \times 100\% = 65.18\%$$

11. 称取苯酚试样 0.5000g，用 NaOH 溶液溶解后，用水准确稀释至 250.00mL。移取 25.00mL 试液于碘量瓶中，加入 $KBrO_3$-KBr 标准溶液 25.00mL 及 HCl 使苯酚溴化为三溴苯酚。加入 KI 溶液使未反应的 Br_2 还原并析出定量的 I_2，然后用 $0.1100mol \cdot L^{-1}$ $Na_2S_2O_3$ 标准溶液滴定，用去 16.50mL。另取 25.00mL $KBrO_3$-KBr 标准溶液，加入 HCl 及 KI 溶液，析出的 I_2 用 $0.1100mol \cdot L^{-1}$ $Na_2S_2O_3$ 标准溶液滴定，用去 24.80mL。计算苯酚试样中苯酚的含量。

解 有关反应如下：

$$KBrO_3 + 5KBr + 6HCl \stackrel{}{=\!=\!=} 6KCl + 3Br_2 + 3H_2O$$
$$C_6H_5OH + 3Br_2 \longrightarrow C_3H_3Br_3OH + 3HBr$$
$$Br_2 + 2KI \stackrel{}{=\!=\!=} I_2 \downarrow + 2KBr$$
$$I_2 + 2Na_2S_2O_3 \stackrel{}{=\!=\!=} 2NaI + Na_2S_4O_6$$

化学计量关系为：$1C_6H_5OH \sim 3Br_2 \sim 3I_2 \sim 6Na_2S_2O_3$

$$w_{C_6H_5OH} = \frac{\frac{1}{6}c_{Na_2S_2O_3}(V_{1,Na_2S_2O_3} - V_{2,Na_2S_2O_3})M_{C_6H_5OH}}{m_s \times \frac{25.00}{250.00}} \times 100\%$$

$$= \frac{\frac{1}{6} \times 0.1100 \times (24.80 - 16.50) \times 94}{0.5000 \times \frac{25.00}{250.00} \times 1000} \times 100\% = 28.61\%$$

12. 移取 20.00mL 乙二醇溶液，加入 50.00mL 0.02000mol·L^{-1} KMnO$_4$ 碱性溶液，反应完全后，酸化溶液，加入 20.00mL 0.1010mol·L^{-1} Na$_2$C$_2$O$_4$ 还原过剩的 MnO$_4^-$ 及 MnO$_4^{2-}$ 的歧化产物 MnO$_2$ 和 MnO$_4^-$；再以 0.02000mol·L^{-1} KMnO$_4$ 溶液滴定过量的 Na$_2$C$_2$O$_4$，消耗了 15.20mL KMnO$_4$ 溶液。试计算乙二醇溶液的浓度。

解 由题意知，此题涉及的化学反应较多，虽然可依据发生的化学反应确定乙二醇、MnO$_4^-$、MnO$_4^{2-}$、MnO$_2$、C$_2$O$_4^{2-}$ 间的计量关系并据此计算乙二醇溶液的浓度，但过程烦琐复杂。考虑到在测定过程中，氧化剂为 KMnO$_4$，还原剂为 Na$_2$C$_2$O$_4$ 和乙二醇。KMnO$_4$ 经多步反应最终还原为 Mn^{2+}，Mn 的氧化数由 7 降为 2，得到 5 个电子；乙二醇氧化为 CO$_3^{2-}$，C 的氧化数由 -1 升到 4，乙二醇分子中有 2 个 C 原子，共失去 10 个电子，同理 1 个 Na$_2$C$_2$O$_4$ 分子失去 2 个电子。根据氧化还原得失电子数相等的原则，即：

乙二醇 $\sim 2MnO_4^- \sim 5C_2O_4^{2-} \sim 10e^-$

故：$5n_{KMnO_4} = 10n_{乙二醇} + 5n_{Na_2C_2O_4}$

$$n_{乙二醇} = \frac{1}{10}(5n_{KMnO_4} - 2n_{Na_2C_2O_4})$$

$$c_{乙二醇} = \frac{\frac{1}{10} \times [5c_{KMnO_4}(V_1 + V_2)_{KMnO_4} - 2c_{Na_2C_2O_4}V_{Na_2C_2O_4}]}{20.00}$$

$$= \frac{\frac{1}{10} \times [5 \times 0.02000 \times (50.00 + 15.20) - 2 \times 0.1010 \times 20.00]}{20.00}$$

$$= 0.01240(mol·L^{-1})$$

第7章

沉淀滴定法

沉淀滴定法是以沉淀平衡为基础的分析方法。沉淀的完全、沉淀的纯净及选择合适的方法确定滴定终点是沉淀滴定法准确定量测定的关键。

知识点总结

知识点一　沉淀滴定法原理

1. 沉淀反应的要求

① 反应能定量进行，沉淀剂与被测组分之间有确定的化学计量关系；

② 沉淀的组成恒定，且溶解度要足够小；

③ 沉淀反应必须迅速、完全；

④ 有适当的检测终点的方法。

2. 影响沉淀滴定突跃的因素

反应物浓度越大，生成沉淀的溶解度越小，沉淀滴定突跃范围就越大。

3. 终点误差

① 定义　沉淀滴定中的终点误差是滴定终点时 M 和 X 的不一致引起的误差。

$$E_t = \frac{[M]_{ep} - [X]_{ep}}{c_X^{sp}} \times 100\%$$

② 林邦公式表示的计算沉淀滴定法终点误差的公式：

$$E_t = \frac{10^{\Delta pX} - 10^{-\Delta pX}}{\frac{1}{\sqrt{K_{sp,MX}}} c_X^{sp}} \times 100\% \tag{7-1}$$

终点误差与 $K_{sp,MX}$ 和 ΔpX 有关，$K_{sp,MX}$ 和 ΔpX 越小，误差越小。另外终点误差与 c_X^{sp} 有关，被测离子浓度越大，终点误差越小，在沉淀滴定中，通常采用指示剂来指示终点，因此在选择指示剂时应使 ΔpX 尽可能小以确保滴定的准确性。

知识点二　常用的沉淀滴定法

银量法按照指示终点的方法不同可分为铬酸钾指示剂法、铁铵矾指示剂法和吸附指示剂法。对应于创立者的名字为莫尔（Mohr）法、佛尔哈德（Volhard）法和法扬司（Fajans）法。

1. 铬酸钾指示剂法——莫尔（Mohr）法

莫尔法是用 $K_2Cr_2O_4$ 作指示剂，在中性或弱碱性溶液中，用 $AgNO_3$ 标准溶液直接滴定 Cl^-（或 Br^-）。根据分步沉淀的原理，首先是生成 AgCl 沉淀，随着 $AgNO_3$ 不断加入，溶液中 Cl^- 浓度越来越小，Ag^+ 浓度则相应地增大，砖红色 Ag_2CrO_4 沉淀的出现指示滴定终点。使用该方法时应注意以下几点：

① 必须控制 K_2CrO_4 的浓度。实验证明，K_2CrO_4 浓度以 $5\times10^{-3}\,mol\cdot L^{-1}$ 左右为宜。

② 适宜 pH 值范围是 $6.5\sim10.5$。

③ 含有能与 CrO_4^{2-} 或 Ag^+ 发生反应的离子均干扰滴定，应预先分离。

④ 只能测 Cl^-、Br^- 和 CN^-，不能测定 I^- 和 SCN^-。

2. 铁铵矾指示剂法——佛尔哈德（Volhard）法

佛尔哈德法是以 KSCN 或 NH_4SCN 为滴定剂，终点形成红色 $FeSCN^{2+}$ 指示终点的方法，分为直接滴定法和返滴定法两种。

① 直接滴定法是以 NH_4SCN（或 KSCN）为滴定剂，在 HNO_3 酸性条件下，直接测定 Ag^+。

② 返滴定法是在含有卤素离子的 HNO_3 溶液中，加入一定量过量的 $AgNO_3$，用 NH_4SCN 标准溶液返滴定过量的 $AgNO_3$。用返滴定法测定 Cl^- 时，为防止 AgCl 沉淀转化，需在用 NH_4SCN 标准溶液滴定前，加入硝基苯等防止 AgCl 沉淀转化。

3. 吸附指示剂法——法扬司（Fajans）法

法扬司法是以吸附剂指示终点的银量法。为了使终点颜色变化明显，要注意以下几点：

① 沉淀需保持胶体状态。

② 溶液的酸度必须有利于指示剂的呈色离子存在。

③ 滴定中应当避免强光照射。

④ 胶体颗粒对指示剂的吸附能力应略小于对被测离子的吸附能力。

为便于比较，将莫尔法、佛尔哈德法和法扬司法的测定原理及应用列于表 7-1 中。

表 7-1　莫尔法、佛尔哈德法和法扬司法的测定原理及应用

项目	莫尔法	佛尔哈德法	法扬司法
指示剂	$K_2Cr_2O_4$	Fe^{3+}	吸附指示剂
滴定剂	$AgNO_3$	NH_4SCN 或 KSCN	Cl^- 或 $AgNO_3$
滴定反应	$Ag^+ + Cl^- \rightleftharpoons AgCl$	$SCN^- + Ag^+ \rightleftharpoons AgSCN$	$Cl^- + Ag^+ \rightleftharpoons AgCl$
终点指示反应	$2Ag^+ + CrO_4^{2-} \rightleftharpoons Ag_2CrO_4$（砖红色）	$SCN^- + Fe^{3+} \rightleftharpoons FeSCN^{2+}$（红色）	$AgCl\cdot Ag^+ + FIn^- \rightleftharpoons AgCl\cdot Ag^+\cdot FIn^-$（粉红色）
滴定条件	① pH=$6.5\sim10.5$； ② 5% K_2CrO_4 1mL； ③ 剧烈摇荡； ④ 除去干扰	① $0.1\sim1mol\cdot L^{-1}HNO_3$ 介质； ② 测 Cl^- 时加入硝基苯或高浓度的 Fe^{3+}； ③ 测 I^- 时要先加 $AgNO_3$ 后加 Fe^{3+}	① pH 与指示剂的 K_a 有关，使其以 FIn^- 型体存在 ② 加入糊精 ③ 避光 ④ $F_{指示剂} < F_{被测离子}$

项目	莫尔法	佛尔哈德法	法扬司法
测定对象	Cl^-、CN^-、Br^-	直接滴定法测 Ag^+；返滴定法测 Cl^-、Br^-、I^-、SCN^-、PO_4^{3-} 和 AsO_4^{3-} 等	Cl^-、Br^-、SCN^-、SO_4^{2-} 和 Ag^+ 等

知识点三　沉淀滴定法的应用

1. 标准溶液的配制与标定

标准溶液的配制与标定过程如下：

（1）硝酸银滴定液

① 间接法配制。

② 用基准氯化钠标定，以荧光黄指示液指示终点。

③ 置棕色玻璃瓶中储藏，密闭保存。

（2）硫氰酸铵滴定液

① 间接法配制。

② 用硝酸银滴定液标定，以硫酸铁铵指示液指示终点。

2. 应用实例

① 沉淀法可用于无机卤素化合物和有机氢卤酸盐的测定。

② 沉淀法也可以测定有机卤化物，包括：a. 氢氧化钠水解法；b. 氧瓶燃烧法。

③ 银量法还可用于测定生成难溶性银盐的有机化合物。

思考题和习题解答

思考题

1. 欲用莫尔法测定 Ag^+，其滴定方式与测定 Cl^- 有何不同？为什么？

答　用莫尔法测定 Cl^- 是采用直接法测定，终点时出现砖红色 Ag_2CrO_4 沉淀很明显。若用此法直接测定 Ag^+，由于加入指示剂后立即有 Ag_2CrO_4 生成，终点附近 Ag_2CrO_4 转化为 AgCl 的速率很慢，颜色的变化缓慢，难以准确测定，因此要用莫尔法测 Ag^+，应采用返滴定法，即先加入过量 NaCl 标准溶液，再用 $AgNO_3$ 标准溶液返滴溶液中过量的 Cl^-。

2. 用佛尔哈德法测定 Cl^-、Br^-、I^- 时的条件是否一致，为什么？

答　不一致。因 AgCl 的溶解度比 AgSCN 大，在测 Cl^- 时，加入过量 $AgNO_3$ 生成 AgCl 沉淀后应把 AgCl 过滤或加入硝基苯保护 AgCl，使终点时 AgCl 不转化为 AgSCN。而 AgBr、AgI 的溶解度比 AgSCN 小，故不必过滤或保护。

3. 说明以下测定中，分析结果偏高、偏低还是没影响？为什么？

（1）在 pH＝4 或 pH＝11 时，以铬酸钾指示剂法测定 Cl^-。

（2）采用铁铵矾指示剂法测定 Cl^- 或 Br^-，未加硝基苯。

（3）用吸附指示剂法测定 Cl^-，选曙红为指示剂。

（4）用铬酸钾指示剂法测定 $NaCl$、Na_2SO_4 混合液中的 $NaCl$。

答 （1）偏高，指示剂变色延迟或 Ag^+ 水解。

（2）偏低，沉淀转化，消耗过多 SCN^-。

（3）偏低，指示剂吸附太强，终点提前。

（4）偏高，硫酸银难溶，消耗更多 Ag^+ 标准溶液。

4. 试述银量法指示剂的作用原理，并与酸碱滴定法比较。

答 银量法指示剂有三种：用铬酸钾作指示剂称为莫尔法，其作用原理是在含有 Cl^- 的溶液中，以 K_2CrO_4 作为指示剂，用硝酸银标准溶液滴定，当定量沉淀后，过量的 Ag^+ 即与 K_2CrO_4 反应，形成砖红色的 Ag_2CrO_4 沉淀，指示终点的到达。

用铁铵矾作指示剂称为佛尔哈德法，其作用原理是在含有 Ag^+ 的溶液中，以铁铵矾作指示剂，用 NH_4SCN 标准溶液滴定，定量反应后，过量的 SCN^- 与铁铵矾中的 Fe^{3+} 反应生成红色 $FeSCN^{2+}$ 配合物，指示终点的到达。

用吸附指示剂指示终点的方法称为法扬司法，其作用原理是因为吸附指示剂是一种有色的有机化合物，它被吸附在带不同电荷的胶体微粒表面后，发生分子结构的变化，从而引起颜色的变化，指示终点的到达。

5. 试讨论莫尔法的局限性。

答 莫尔法只能在中性或弱碱性（$pH = 6.5 \sim 10.5$）溶液中进行，因为在酸性溶液中 CrO_4^{2-} 浓度降低，影响 Ag_2CrO_4 沉淀形成，终点过迟。在强碱性溶液中，$AgNO_3$ 会生成 Ag_2O 沉淀。此外，莫尔法只能用来测定 Cl^-、Br^- 等，不能用 $NaCl$ 直接滴定 Ag^+。

6. 为什么用佛尔哈德法测定 Cl^- 时，引入误差的概率比测定 Br^- 或 I^- 时大？

答 因为 $AgCl$ 的溶解度大于 $AgSCN$，而 $AgBr$ 和 AgI 的溶解度较小，所以用佛尔哈德法测定 Cl^- 时，引入误差的概率比测定 Br^- 或 I^- 时大。

7. 为了使终点颜色变化明显，使用吸附指示剂应注意哪些问题？

答 （1）由于吸附指示剂的颜色变化发生在沉淀微粒表面上，因此应尽可能使卤化银沉淀呈胶体状态，具有较大的表面积。（2）常用的吸附指示剂大多是有机弱酸，而起指示作用的是它们的阴离子，因此在使用吸附指示剂时，要注意调节溶液 pH 值。（3）卤化银沉淀对光敏感，遇光易分解析出金属银，使沉淀很快转变为灰黑色，影响终点观察，因此在滴定过程中应避免强光照射。（4）胶体微粒对指示剂离子的吸附能力，应略小于对待测离子的吸附能力，否则指示剂将在化学计量点前变色，但如果吸附能力太差，终点时变色也不敏锐。（5）溶液中被滴定离子的浓度不能太低，因为浓度太低时沉淀很少，观察终点比较困难。

习 题

一、选择题

1	2	3	4	5	6	7	8	9	10	11	12
D	C	C	C	D	A	D	D	C	D	B	D

二、填空题

1. 吸附指示剂，铬酸钾，铁铵矾。

2. 偏高。

3. 使沉淀呈胶体状态，表面积。

4. 有机试剂（硝基苯），偏低。

5. 负，吸附了 Ag^+。

6. NH_4SCN 或 $KSCN$，铁铵矾，酸性，由无色变为红色。

三、判断题

1	2	3	4	5	6
×	×	×	×	√	√

四、计算题

1. 称取氯化物 2.066g。溶解后，加入 $0.1000mol \cdot L^{-1}$ $AgNO_3$ 标准溶液 30.00mL，过量的 $AgNO_3$ 用 $0.0500mol \cdot L^{-1}$ NH_4SCN 标准溶液滴定，用去 NH_4SCN 标准溶液 18.00mL，计算此氯化物中氯的含量。

解 $w_{Cl^-} = \dfrac{(0.1000 \times 30.00 - 0.0500 \times 18.00) \times 35.45}{2.066 \times 1000} \times 100\% = 3.603\%$

2. 称取某种银合金 0.2500g。用 HNO_3 溶解，除去氮的氧化物质，以铁铵矾作指示剂，用 $0.1000mol \cdot L^{-1}$ NH_4SCN 标准溶液滴定，用去 NH_4SCN 标准溶液 21.94mL。求银合金中银的含量。

解 $w_{Ag^+} = \dfrac{0.1000 \times 21.94 \times 107.9}{0.2500 \times 1000} \times 100\% = 94.69\%$

3. 0.2600g 农药"六六六"（$C_6H_6Cl_6$），与 KOH 乙醇溶液一起加热回流煮沸，发生以下反应：

$$C_6H_6Cl_6 + 3OH^- \longrightarrow C_6H_3Cl_3 + 3Cl^- + 3H_2O$$

溶液冷却后，用 HNO_3 调至酸性，加入 $0.10000mol \cdot L^{-1}$ $AgNO_3$ 标准溶液 30.00mL，以铁铵矾作指示剂，用 10.25mL $0.1000mol \cdot L^{-1}$ NH_4SCN 标准溶液回滴过量 $AgNO_3$。求"六六六"的纯度。

解 $w = \dfrac{\dfrac{1}{3} \times (0.1000 \times 30.00 - 0.1000 \times 10.25) \times 290.8}{0.2600 \times 1000} \times 100\% = 73.63\%$

4. 称取一定量含有 60% NaCl 和 37% KCl 试样。溶于水后，加入 $0.1000mol \cdot L^{-1}$ $AgNO_3$ 标准溶液 30.00mL。过量的 $AgNO_3$ 需用 10.00mL，NH_4SCN 溶液相当于 1.10mL $AgNO_3$ 溶液，问应称取试样多少克？

解 $\dfrac{m \times 60\%}{58.39} + \dfrac{m \times 37\%}{74.55} = (0.1000 \times 30.00 - 10.00 \times 1.10 \times 0.1000) \times \dfrac{1}{1000}$

$$m = 0.1248g$$

5. 将 30.00mL $AgNO_3$ 溶液作用于 0.1357g NaCl，过量的银离子需用 2.50mL NH_4SCN 溶液滴定至终点。预先知道滴定 20.00mL $AgNO_3$ 溶液需要 19.85mL NH_4SCN 溶液。试计算：（1）$AgNO_3$ 溶液的浓度；（2）NH_4SCN 溶液的浓度（$M_{NaCl} = 58.44g \cdot mol^{-1}$）。

解 采用返滴定法，过量的 $AgNO_3$ 与 NaCl 反应：

$$AgNO_3 + NaCl \Longrightarrow AgCl\downarrow + NaNO_3$$

多余的 $AgNO_3$ 用 NH_4SCN 返滴定：

$$AgNO_3 + NH_4SCN \Longrightarrow AgSCN + NH_4NO_3$$

$$n_{NaCl} = n_{AgNO_3}$$

$$\frac{m_{NaCl}}{M_{NaCl}} = (cV)_{AgNO_3}$$

$$c_{AgNO_3} = \frac{m_{NaCl}}{M_{NaCl}V_{AgNO_3}}$$

$$= \frac{0.1357 \times 10^3}{58.44 \times \left(30.00 - \frac{20.00}{19.85} \times 2.50\right)}$$

$$= 0.08450 (mol \cdot L^{-1})$$

$$c_{NH_4SCN} = \frac{20.00 \times 0.08450}{19.85} = 0.08514 (mol \cdot L^{-1})$$

6. 取某含 Cl^- 废水样 100mL，加入 20.00mL 0.1120mol·L^{-1} $AgNO_3$ 溶液，然后用 0.1160mol·L^{-1} NH_4SCN 溶液滴定过量的 $AgNO_3$ 溶液，用去 10.00mL NH_4SCN 溶液，求该水样中 Cl^- 的含量（用 mg·L^{-1} 表示）。（已知：$M_{Cl} = 35.45g \cdot mol^{-1}$）。

解 加入过量的 $AgNO_3$：$Ag^+ + Cl^- \Longrightarrow AgCl\downarrow$

余量的 $AgNO_3$ 用 NH_4SCN 滴定：$Ag^+ + SCN^- \Longrightarrow AgSCN\downarrow$

$$n_{Cl^-} = n_{AgNO_3} - n_{NH_4SCN} = (cV)_{AgNO_3} - (cV)_{NH_4SCN}$$

$$c_{Cl^-} = \frac{n_{Cl^-} M_{Cl^-}}{V_{水样}}$$

$$= \frac{(20.00 \times 0.1120 - 10.00 \times 0.1160) \times 35.45}{100.0} \times 1000$$

$$= 382.9 (mg \cdot L^{-1})$$

7. 在含有等浓度的 Cl^- 和 I^- 的溶液中，逐滴加入 $AgNO_3$ 溶液，哪一种离子先沉淀？第二种离子开始沉淀时，I^- 与 Cl^- 的浓度比为多少？

解 $AgCl$ 的 $K_{sp}^{\ominus} = 1.77 \times 10^{-10}$，$AgI$ 的 $K_{sp}^{\ominus} = 8.3 \times 10^{-17}$。

AgI 的溶度积小，其溶解度也相应小，故 AgI 先沉淀。当 Cl^- 开始沉淀时，I^- 与 Cl^- 浓度比为：

$$\frac{[I^-]}{[Cl^-]} = \frac{K_{sp,AgI}}{K_{sp,AgCl}} = \frac{8.3 \times 10^{-17}}{1.77 \times 10^{-10}} = 4.7 \times 10^{-7}$$

第8章

重量分析法

重量分析方法是化学分析法的主要方法之一。在重量分析法中，通常根据试样的组成、被测组分的性质选择合适的方法将其从试样溶液中分离出来，并转化为一定的称量形式，然后用称量方法测定该组分的含量。

知识点总结

知识点一　重量分析法的分类和特点

重量分析法可以分为：①沉淀法；②气化法（挥发法）；③电解法。重量分析法的特点为：①优点，$E_r = 0.1\% \sim 0.2\%$，准确，不需标准溶液。②缺点，缓慢、耗时、烦琐（S，Si，Ni 的仲裁分析仍用重量法）。

知识点二　重量分析法对沉淀形式和称量形式的要求

1. 重量分析法对沉淀形式的要求
① 沉淀的溶解度（s）小，溶解损失应 < 0.2mg，定量沉淀；
② 沉淀的纯度高；
③ 便于过滤和洗涤（晶形好）；
④ 易于转化为称量形式。

2. 重量分析法对称量形式的要求
① 确定的化学组成，恒定（定量基础）；
② 稳定（测量准确）；
③ 摩尔质量大（减少称量误差）。

3. 影响溶解度的因素
① 同离子效应：减小溶解度。
② 盐效应：增大溶解度。
③ 酸效应：增大溶解度。

④ 配位效应：增大溶解度。

⑤ 影响溶解度的其他因素：

a. 温度：温度升高，溶解度增大。溶解热不同，影响不同，室温过滤可减少损失。

b. 溶剂：相似者相溶，加入有机溶剂，溶解度降低。

c. 颗粒大小：颗粒小溶解度大，陈化可得到大晶体。

d. 形成胶束：溶解度增大，加入热电解质可破坏胶体。

知识点三　沉淀类型和形成

1. 沉淀形成和其类型

沉淀的形成过程和其类型见图 8-1。

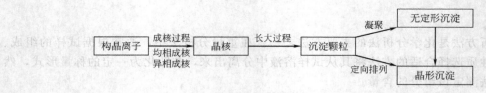

图 8-1　沉淀形成过程和其类型

沉淀的成核过程包括：①均相成核，构晶离子自发形成晶核，如 $BaSO_4$，8 个构晶离子形成一个晶核。②异相成核，溶液中的微小颗粒作为晶种形成晶核。

2. 沉淀形成过程

沉淀形成过程见表 8-1。

表 8-1　沉淀形成过程

成核过程	长大过程	沉淀类型
异相成核过程	$v_{凝聚} > v_{定向}$	无定形沉淀
均相成核过程	$v_{定向} > v_{凝聚}$	晶形沉淀

3. 影响沉淀纯度的主要因素

共沉淀
- 表面吸附共沉淀：是胶体沉淀不纯的主要原因；洗涤。
- 混晶共沉淀：预先将杂质分离除去。
- 吸留、包夹共沉淀：是晶体沉淀不纯的主要原因；陈化、重结晶。

后沉淀：主沉淀形成后，"诱导"本难沉淀的杂质沉淀下来；缩短沉淀与母液共置的时间。

知识点四　沉淀条件的选择

1. 晶形沉淀（稀、热、慢、搅、陈）

① 稀溶液中进行：相对过饱和度减小。

② 搅拌下滴加沉淀剂：防止局部过浓，过饱和度减小。

③ 热溶液中进行：溶解度（s）增大。

④ 陈化：得到大而完整的晶体。

⑤ 冷滤：用构晶离子溶液洗涤，溶解度降低，减小溶解损失。

2. 无定形沉淀

减少水化程度，减少沉淀含水量，沉淀凝聚，防止形成胶体。

① 浓溶液中进行。

② 热溶液中进行。

③ 加入大量电解质。

④ 不必陈化，趁热过滤。

⑤ 用稀、热电解质溶液洗涤。

3. 均匀沉淀

利用化学反应缓慢逐渐产生所需沉淀剂，防止局部过浓，可以得到颗粒大、结构紧密、纯净的沉淀。

知识点五 有机沉淀剂

1. 有机沉淀剂的优缺点

有机沉淀剂具有以下优点：

① 有机沉淀剂品种繁多，性质不同，且某些沉淀剂的选择性很高，便于选择和使用；

② 沉淀的溶解度小；

③ 沉淀吸附杂质少；

④ 沉淀的摩尔质量大；

⑤ 有些沉淀组成恒定，烘干后即可恒重，简化了重量分析操作。

有机沉淀剂也存在一些缺点：

① 有机沉淀剂在水中的溶解度很小，容易混杂在沉淀中；

② 有些沉淀组成不恒定，仍需通过灼烧转化为称量形式；

③ 有些沉淀容易黏附于器壁或漂浮于溶液表面，给操作带来不便。

2. 有机沉淀剂的分类

有机沉淀剂分为难溶螯合物沉淀剂、离子缔合物的沉淀剂。

思考题和习题解答

━━━━ 思考题 ━━━━

1. 在重量分析中，何谓沉淀形式和称量形式，二者有何区别？

答 在重量分析法中，沉淀是经过烘干或灼烧后再称量的。沉淀形式是被测物与沉淀剂反应生成的沉淀物质，称量形式是沉淀经过烘干或灼烧后能够进行称量的物质。有些情况下，由于在烘干或灼烧过程中可能发生化学变化，使沉淀转化为另一物质。故沉淀形式和称量形式可以相同，也可以不相同。例如：$BaSO_4$ 的沉淀形式和称量形式相同，而在测定 Mg^{2+} 时，沉淀形式是 $MgNH_4PO_4 \cdot 6H_2O$，灼烧后所得的称量形式却是 $Mg_2P_2O_7$。

2. 为了使沉淀定量完全，必须加入过量沉淀剂，为什么又不能过量太多？

答 在重量分析法中，为使沉淀完全，常加入过量的沉淀剂，这样可以利用同离子效应来降低沉淀的溶解度。沉淀剂过量的程度应根据沉淀剂的性质来确定。若沉淀剂不易挥发，应过量 20%～50%；若沉淀剂易挥发，则可过量多些，甚至过量 100%。但沉淀剂不能过量太多，否则可能因为盐效应、配位效应等反而使沉淀的溶解度增大。

3. 影响沉淀溶解度的因素有哪些，它们是怎样发生影响的？在分析工作中，对于复杂的情况，应如何考虑主要影响因素？

答 影响沉淀溶解度的因素有：同离子效应、盐效应、酸效应、配位效应、温度、溶剂、沉淀颗粒大小和结构等。同离子效应能够降低沉淀的溶解度。盐效应通过改变溶液的离子强度使沉淀的溶解度增大。酸效应是由于溶液中 H^+ 浓度的大小对弱酸、多元酸或难溶酸离解平衡的影响来影响沉淀的溶解度。若沉淀是强酸盐，如 $BaSO_4$、$AgCl$ 等，其溶解度受酸度影响不大，若沉淀是弱酸或多元酸盐 [如 CaC_2O_4、$Ca_3(PO_4)_2$] 或难溶酸（如硅酸、钨酸）以及与有机沉淀剂形成的沉淀，则酸效应就很显著。除沉淀是难溶酸外，其他沉淀的溶解度往往随着溶液酸度的增加而增加。配位效应是配位剂与生成沉淀的离子形成配合物，是沉淀的溶解度增大的现象。因为溶解是一吸热过程，所以绝大多数沉淀的溶解度随温度的升高而增大。同一沉淀，在相同质量时，颗粒越小，沉淀结构越不稳定，其溶解度越大，反之亦然。综上所述，在进行沉淀反应时，对无配位反应的强酸盐沉淀，应主要考虑同离子效应和盐效应；对弱酸盐或难溶酸盐，多数情况应主要考虑酸效应；在有配位反应，尤其在能形成较稳定的配合物，而沉淀的溶解度又不太大时，则应主要考虑配位效应。

4. 沉淀是怎样形成的？形成沉淀的性状主要与哪些因素有关？其中哪些因素主要由沉淀本质决定？哪些因素与沉淀条件有关？

答 沉淀的形成一般要经过晶核形成和晶核长大两个过程。将沉淀剂加入试液中，当形成沉淀离子浓度的乘积超过该条件下沉淀的溶度积时，离子通过相互碰撞聚集成微小的晶核，溶液中的构晶离子向晶核表面扩散，并沉淀在晶核上，晶核就逐渐长大成沉淀颗粒。离子形成晶核，再进一步聚集成沉淀颗粒的速率为聚集速率。在聚集的同时，构晶离子在一定晶格中定向排列的速率为定向速率。如果聚集速率大，定向速率小，即离子很快地聚集生成沉淀颗粒，却来不及进行晶格排列，则得到非晶形沉淀。反之，如果定向速率大，聚集速率小，即离子较缓慢地聚集成沉淀颗粒，有足够时间进行晶格排列，则得到晶形沉淀。其中定向速率主要由沉淀物质本性决定，而聚集速率主要与沉淀条件有关。

5. 要获得纯净而易于分离和洗涤的晶形沉淀，需采取些什么措施？为什么？

答 欲得到晶形沉淀应采取以下措施：

(1) 在适当稀的溶液中进行沉淀，以降低相对过饱和度。

(2) 在不断搅拌下慢慢地加入稀的沉淀剂，以免局部相对过饱和度太大。

(3) 在热溶液中进行沉淀，使溶解度略有增加，相对过饱和度降低。同时，温度升高，可减少杂质的吸附。

(4) 进行陈化，即在沉淀完全后将沉淀和母液一起放置一段时间。在陈化过程中，小晶体逐渐溶解，大晶体不断长大，最后获得粗大的晶体。同时，陈化还可以使不完整的晶粒转化为较完整的晶粒，亚稳定的沉淀转化为稳定态的沉淀，也能使沉淀变得更纯净。

6. 什么是均相沉淀法？与一般沉淀法相比，它有何优点？

答 均相沉淀法就是通过溶液中发生的化学反应，缓慢而均匀地在溶液中产生沉淀剂，从而使沉淀在整个溶液中均匀缓慢地析出。均匀沉淀法可以获得颗粒较粗、结构紧密、纯净而又规整的沉淀。

7. 重量分析的一般误差来源是什么？怎样减少这些误差？

答 一般误差来源有两个，一是沉淀不完全，二是沉淀不纯净。通常采取同离子效应、盐效应、酸效应、配位效应以及控制体系的温度、溶剂、沉淀颗粒大小和结构等因素来降低沉淀的溶解度，以保证沉淀完全。同时采用适当的分析程序和沉淀方法、降低易被吸附离子的浓度、选用适当的沉淀条件和沉淀剂或进行再沉淀等措施，以获得纯净沉淀。

习　题

一、选择题

1	2	3	4	5	6
B	A	A	D	C	A

二、填空题

1. 减小，增大，增大。

2. 小，化学式相符合。

3. 晶形，无定形。　4. 大（小），少（多）。　5. 快速，中速，慢速。

三、判断题

1	2	3	4
×	√	√	×

四、计算题

1. 下列情况，有无沉淀生成？

（1）$0.001\,mol \cdot L^{-1}$ $Ca(NO_3)_2$ 溶液与 $0.01\,mol \cdot L^{-1}$ NH_4HF_2 溶液以等体积混合；

（2）$0.01\,mol \cdot L^{-1}$ $MgCl_2$ 溶液与 $0.1\,mol \cdot L^{-1}$ NH_3-$1\,mol \cdot L^{-1}$ NH_4Cl 溶液等体积混合。

解　（1）已知：$K_{sp}(CaF_2) = 3.4 \times 10^{-11}$。

两溶液等体积混合后：

$[Ca^{2+}] = 5.0 \times 10^{-4}\,mol \cdot L^{-1}$，　$[F^-] = 1.0 \times 10^{-2}\,mol \cdot L^{-1}$

$[Ca^{2+}][F^-]^2 = 5.0 \times 10^{-4} \times (1.0 \times 10^{-2})^2 = 5.0 \times 10^{-8} > K_{sp}(CaF_2) = 3.4 \times 10^{-11}$

所以有沉淀生成。

（2）已知：$K_b(NH_3) = 1.8 \times 10^{-5}$，$K_{sp}[Mg(OH)_2] = 1.8 \times 10^{-11}$。

$[Mg^{2+}] = 5.0 \times 10^{-3}\,mol \cdot L^{-1}$，$[NH_3] = 0.05\,mol \cdot L^{-1}$，$[NH_4^+] = 0.5\,mol \cdot L^{-1}$

$$[OH^-] = K_b(NH_3) \times \frac{[NH_3]}{[NH_4^+]} = 1.8 \times 10^{-5} \times \frac{0.05}{0.5} = 1.8 \times 10^{-6}\,(mol \cdot L^{-1})$$

$$[Mg^{2+}][OH^-]^2 = 5.0 \times 10^{-3} \times (1.8 \times 10^{-6})^2 = 1.62 \times 10^{-14} < K_{sp}[Mg(OH)_2]$$
$$= 1.8 \times 10^{-11}$$

所以无沉淀生成。

2. 25℃时，铬酸银的溶解度为 $0.0279\,g \cdot L^{-1}$，计算铬酸银的溶度积。

解　$M(Ag_2CrO_4) = 331.73\,g \cdot mol^{-1}$。

$$s(Ag_2CrO_4) = \frac{0.0279}{331.73} = 8.41 \times 10^{-5}\,(mol \cdot L^{-1})$$

$$K_{sp} = [Ag^+]^2[CrO_4^{2-}] = (2 \times 8.41 \times 10^{-5})^2 \times 8.41 \times 10^{-5} = 2.38 \times 10^{-12}$$

3. 以过量的 $AgNO_3$ 处理 0.3500g 的不纯 KCl 试样，得到 0.6416g AgCl，求该试样中

KCl 的质量分数。

解 $w=\dfrac{m(\text{KCl})_{纯}}{0.3500}\times 100\%=\dfrac{0.6416\times\dfrac{74.56}{143.32}}{0.3500}\times 100\%=95.37\%$

4. 铸铁试样 1.000g，放置电炉中，通氧燃烧，使其中的碳生成 CO_2，用碱石棉吸收后增重 0.0825g。求铸铁中含碳的质量分数。

解 $w(\text{C})=\dfrac{m(\text{C})}{1.000}\times 100\%=\dfrac{0.0825\times\dfrac{12.01}{44.01}}{1.000}\times 100\%=2.25\%$

第9章

分光光度法

本章需要掌握的内容是分光光度法（吸光光度法）的基本原理、仪器基本组成和各个部件的作用以及分光光度法的应用。

知识点总结

知识点一　概　　述

1. 分光光度法的特点

① 灵敏度高：$10^{-3}\%\sim1\%$微量分析，甚至达$10^{-5}\%\sim10^{-4}\%$痕量分析。

② 准确度高：目视比色法相对误差为$5\%\sim20\%$；分光光度法相对误差为$2\%\sim5\%$，一般不超过6%。

③ 应用广泛：几乎所有的无机离子和许多有机化合物。

④ 操作简便，快速，仪器设备不复杂。

2. 电磁波谱范围

可见光（人眼能感觉到的光）的范围为$400\sim750nm$。

3. 重要概念

① 单色光：具有同一波长的光。

② 复合光：不同波长组成的光。

③ 可见光：人眼能感觉到的光（由红、橙、黄、绿、青、蓝、紫等颜色光组成）。

④ 互补光：某两种单色光，按一定强度比例混合成白光，这两种单色光的颜色叫互补光。

⑤ 吸收光与透射光：吸收光与透射光互为补色，它们组成了白光；物质的颜色与它被吸收的光互为补色。

⑥ 物质的颜色：物质对不同波长的光选择性吸收而产生颜色，颜色由透射光波长所决定。例：吸收了白光中的黄绿色，显示出其互补色紫色。白光照射下可见光全部吸收，则为黑色；可见光不吸收，则为无色；可见光选择性吸收，如吸收绿色，显紫红色。颜色深浅与物质含量有一个简单的函数关系：溶液越浓，颜色越深。

⑦ 目视比色法：用眼睛比较溶液颜色的深浅，以确定物质含量的方法。

⑧ 分光光度法：用分光光度计测量物质含量。目视比色法和分光光度比较见表 9-1。

表 9-1　目视比色法和分光光度比较

项目	原理	光源	比较对象	例：$KMnO_4$
目视比色法	对光的吸收作用	复合光（日光）	透射光强度	红紫光强度
分光光度法	对光的吸收作用	单色光	吸收光大小	黄绿光吸收大小

知识点二　吸收曲线与工作曲线（标准曲线）

1. 吸收曲线

以波长为横坐标，吸光度为纵坐标作图得到一条物质对不同波长光吸收情况的曲线称为吸收曲线。其特点如下。

① 同一种物质对不同波长光的吸光度不同。吸光度最大处对应的波长称为最大吸收波长 λ_{max}。

② 不同浓度的同一种物质，其吸收曲线形状相似，λ_{max} 不变。而对于不同物质，它们的吸收曲线形状和 λ_{max} 则不同。

③ 在 λ_{max} 处吸光度随浓度变化的幅度最大，所以测定最灵敏。吸收曲线是定量分析中选择入射光波长的重要依据。

④ 不同物质对不同波长的光具有不同的吸收程度（光的选择吸收），奠定了定性分析的基础。

⑤ 在一定的实验条件下，浓度越大吸光度越大，奠定了分光光度法定量分析的基础。

2. 标准曲线（工作曲线）

以溶液浓度 c 为横坐标，吸光度 A 为纵坐标，得到的一条通过原点的直线称为标准曲线。

知识点三　朗伯-比耳定律

1. 重要概念

① 吸光度：

$$A = \lg \frac{I_0}{I} \tag{9-1}$$

② 透光度：

$$T = \frac{I}{I_0} \tag{9-2}$$

T 越小，透光度越小，吸光度越大。

③ 吸光度与透光度的关系：

$$A = \lg \frac{I_0}{I} = \lg \frac{1}{T} \tag{9-3}$$

2. 朗伯-比耳定律

① 前提条件：

入射光为平行单色光；吸收皿为非散射性材料；且在一定温度下。

② 表达式及物理意义：

$$A = \lg \frac{I_0}{I} = \lg \frac{1}{T} \tag{9-4}$$

单位不同表达式为：a. $A = abc$；b. $A = \varepsilon bc$。

物理意义：当一束平行的单色光通过均匀的某吸收溶液时，溶液对光的吸收程度（吸光度 A）与吸光物质的浓度 c 和光通过的液层厚度 b 的乘积成正比。

③ 吸光系数与摩尔吸光系数

a. 吸光系数 a　与波长 λ、吸光物质性质、温度等有关。

$$A = abc$$

式中，a 为吸光系数，$L \cdot g^{-1} \cdot cm^{-1}$；$c$ 为浓度，$g \cdot L^{-1}$；b 为液层厚度，cm；A 为吸光度，无量纲。

b. 摩尔吸光系数 ε　是物质的参数，在一定条件是常数。

$$A = \varepsilon bc$$

式中，ε 为摩尔吸光系数，$L \cdot mol^{-1} \cdot cm^{-1}$；$c$ 为浓度，$mol \cdot L^{-1}$；b 为液层厚度，cm；A 为吸光度，无量纲。

注意：

ε 是有色物质的特征常数，但与仪器质量有关，不同的仪器测出的 ε 不同。因此用实验方法求 $\varepsilon = A/(bc_{标})$，ε 衡量显色反应灵敏度，ε 越大，A 越大，越灵敏。

$$S = M/\varepsilon \quad 或 \quad S = \frac{1}{a} \tag{9-5}$$

式中，S 为桑德尔灵敏度，$\mu g \cdot cm^{-2}$；M 为摩尔质量，$g \cdot mol^{-1}$。

④ 朗伯-比耳定律的偏离　标准曲线不成直线，尤其是高浓度下偏离直线的程度越大，偏离原因如下。

a. 物理原因：负偏离，单色光不纯。

b. 化学原因：正偏离，介质不均匀；解离、缔合及化学变化使 c 改变。

c. 标准曲线不通过原点：参比液选择不当；溶液性质不相等；比色皿有问题。

d. 标准曲线呈折线状：标液配得不准；测量不准。

⑤ 吸光度具有加和性：

$$A(总) = A_1 + A_2 + \cdots + A_n = K_1 c_1 b + K_2 c_2 b + \cdots + K_n c_n b \tag{9-6}$$

多组分体系中，总吸光度是各组分吸光度之和。

3. 标准曲线的制作

① 标准曲线（工作曲线）：测定一系列不同浓度标准溶液的吸光度 A，以 A 为纵坐标，c 为横坐标，得到一条通过原点的直线。

② 标准曲线法：在同样条件下，测定未知液吸光度 A_x。从工作曲线上查得它的浓度 c_x，再换算求得待测物质的浓度。

知识点四　方法与仪器

1. 目视比色法

用眼睛比较溶液颜色深浅，以测定物质含量的方法。该方法误差为 $5\% \sim 20\%$，其原因是入射光不是单色光或人眼辨色有差异。

2. 分光光度法

(1) 仪器基本组成及作用

仪器基本组成及作用见图 9-1。

图 9-1 仪器基本组成及作用

(2) 各部分介绍

① 光源

a. 低压钨丝灯电压为 6~12V，发出 360~800nm 波长的光。

b. 电源稳压器使电源电压稳定。

c. 聚光镜使光源的光成为平行光束。

② 单色器　使复合光分解成单色光，分为以下几种。

a. 滤光片：单色光不纯。

b. 棱镜：按光折射原理，复合光色散为不同波长单色光。玻璃棱镜用于可见光；石英棱镜用于紫外、可见光。

c. 光栅：按光衍射和干涉原理复合光色散的单色光，波长范围更宽。

③ 比色皿（吸收池）　用于盛放试样溶液的容器。

a. 材料：耐腐，性质、厚度一致。可见光用玻璃比色皿；紫外光用石英比色皿。

b. 规格：有 0.5cm、1cm、2cm、3cm、5cm 等规格。

在测定时，若溶液太稀，比色皿可改大一号。

c. 比色皿使用注意事项

ⅰ. 比色皿两边是透明的，使光线通过，手只能拿另两边磨砂面。

ⅱ. 用擦镜纸轻吸光面水迹，不要用力擦透明面。

ⅲ. 淋洗三次被测液后，加试液至 2/3~4/5 处，吸干外表面。

ⅳ. 比色皿放置时应紧贴光源一边，垂直放，压条压紧。

ⅴ. 洗涤比色皿方法：浸泡→水洗→蒸馏水洗。洗涤液为：盐酸∶乙醇＝1∶2。

④ 检测器　接收通过比色皿后的透射光，并转换成电信号。

a. 光电管与二极管

ⅰ. 阴极：金属半圆角，内涂光敏物质。

ⅱ. 阳极：金属丝。

ⅲ. 光敏物质：红敏（银、氧化铯），625~1000nm；紫敏（锑、铯），200~625nm。

b. 光电倍增管：有若干倍增极的附加电极，使光激发的电流放大（一个光子产生 10^6~10^7 个电子），灵敏度比光电管高 200 多倍，适合 160~700nm 波长的光。

c. 光电流与透射光（剩余光）：与吸收光 A 成反比；光电流大，A 小，c 小。

⑤ 显示装置　包括检流计（以 A 或 T 形式记录下来并显示）、悬镜式光电反射检流计，防止振动、大电流通过引起吊丝扭断。

检流计标尺：透光度 T（等分刻度）、吸光度 A（与 T 成负对数关系）。

知识点五　显色反应与显色条件的选择

1. 显色反应
显色反应如下：
$$M(被测物质)+R(显色剂) \rightleftharpoons MR(有色化合物)$$

2. 对显色反应的要求
① 灵敏度高：$\varepsilon > 10^4$（$10^4 \sim 10^5$ 最佳）。

② 选择性好：选择性比灵敏度更重要。有干扰物质存在，应避开 λ_{max}，改在无干扰处 $\lambda_{测}$ 处测定。

③ MR 有色化合物组成恒定，性质稳定。

④ 显色剂 R 在测定波长处无明显吸收。

3. 显色反应条件的选择
做"条件实验"由实验方法来确定显色反应的条件。

① 显色剂的用量：

测定条件固定（λ、c、b、T 一定），改变显色剂用量。

② 溶液的酸度：显色剂的浓度、颜色，金属离子状态，配合物 MR 的组成（颜色不同）都会影响溶液的酸度。

③ 显色时间：A-t 曲线。

④ 显色温度：A-T 曲线。

⑤ 溶剂：有机溶剂可降低有色化合物 MR 的解离度，灵敏度增高；有机溶剂还可提高显色反应速率，需带标样对比操作。

⑥ 干扰及消除方法。

知识点六　光度测量误差和测量条件的选择

1. 光度测量误差
① 化学因素：介质不均匀、解离、缔合造成的偏离朗伯-比耳定律（正偏离），显色反应不稳定，酸度不当。

② 仪器本身误差：单色光不纯，光源、电压不稳定，比色皿不一致，仪器标尺不准。

③ 测量条件不当：波长 λ 选择不当，空白溶液选择不当。

④ 吸光度读数误差。

2. 空白溶液的种类及选择（参比）
（1）参比溶液的作用

① 调节仪器零点，使 $A=0$，以此作为测量的相对标准（抵消 $I_反$、$I_散$）。

② 抵消试剂和容器中的干扰因素（例如试剂中含被测离子）。

（2）参比溶液的种类（5 种）

① 溶剂空白　纯溶剂作为参比溶液，适用于：
$$M+试剂(含 R) \longrightarrow MR$$
无色　　无色　　　　有色

② 试剂空白　用其他试剂作参比溶液，适用于：

$$M + 试剂（含 R） \longrightarrow MR$$
$$\text{无色} \qquad \text{有色1} \qquad \text{有色2}$$

例如，测铁试剂含铁 Fe^{2+}：参比溶液试剂为 A_1，试样＋试剂为 $A_1 + A_2$，现令 A_1 为 0，用试剂溶液（参比液）调节仪器至吸光度为 0，实测 A_2 为样品中 Fe 的含量。

③ 试样空白　不加显色剂，用试样作参比溶液，适用于：
$$M + 试剂（含 R） \longrightarrow MR$$
$$\text{有色1} \qquad \text{无色} \qquad \text{有色2}$$

④ 加掩蔽剂空白　加掩蔽剂后的试样，试剂作参比溶液，适用于：
$$M + 试剂（含 R） \longrightarrow MR$$
$$\text{有色1} \qquad \text{有色2} \qquad \text{有色3}$$

因为加了掩蔽剂，被测组分被掩蔽，不与显色剂作用，所有试剂（含 R）及试样作参比溶液，此法也可消除显色剂及共存组分的干扰。

⑤ 改变顺序空白　改变加试剂顺序后的溶液作参比溶液。

例如，测铁 Fe^{2+}：a. 加盐酸羟胺使 $Fe^{3+} \rightarrow Fe^{2+}$；b. 加缓冲液使 pH＝4.6（测定要求 pH＝3～9）；c. 加邻菲啰啉显色剂。如过程改成 c→a→b，不含显色剂（pH＜2），用此溶液作参比溶液，此法也可抵消试剂等因素的影响。

3. 吸光度测量的误差

（1）误差

吸光度 A 标尺刻度是不均匀的，吸光度愈大，读数引起的误差愈大。

$$|E_r| = \frac{\Delta c}{c} \times 100\% = \frac{0.434}{T \lg T} \Delta T \times 100\% \tag{9-7}$$

注意：上式中 T 用小数代入；ΔT 如用小数代，要乘以 100，ΔT 如用％代入，不必乘 100。

（2）吸光度测量范围

一般选择 $A = 0.2 \sim 0.7$（T 为 $20\% \sim 65\%$）的吸光度测量范围，在 $A = 0.434$（$T = 36.8\%$）时，测量的相对误差最小。

知识点七　应　　用

分光光度法的应用有：光度滴定、弱酸和弱碱解离常数的测定、配合物组成的测定、多组分测定。

多种组分测定中以二组分为例，分三种情况。

① 不干扰（分别在不同波长处测定）

$\lambda_1: A_{\lambda_1}^a = \varepsilon^a b c^a$

$\lambda_2: A_{\lambda_2}^a = \varepsilon^b b c^b$

② 部分干扰

$\lambda_1: A_{\lambda_1}^{a+b} = A_{\lambda_1}^a + A_{\lambda_1}^b = \varepsilon_{\lambda_1}^a b c^a + \varepsilon_{\lambda_1}^b b c^b$

$\lambda_2: A_{\lambda_2}^b = \varepsilon_{\lambda_2}^b b c^b$（注意 $\varepsilon_{\lambda_1}^b \neq \varepsilon_{\lambda_2}^b$）

③ 干扰

$\lambda_1: A_{\lambda_1}^{a+b} = A_{\lambda_1}^a + A_{\lambda_1}^b = \varepsilon_{\lambda_1}^a b c^a + \varepsilon_{\lambda_1}^b b c^b$

$\lambda_2: A_{\lambda_2}^{a+b} = A_{\lambda_2}^a + A_{\lambda_2}^b = \varepsilon_{\lambda_2}^a b c^a + \varepsilon_{\lambda_2}^b b c^b$

注意：a. 不同波长下 ε 不同；b. 不同物质的 ε 不同。

解题方法：a. 求 $\varepsilon^a_{\lambda_1}$，$\varepsilon^b_{\lambda_1}$，$\varepsilon^a_{\lambda_2}$，$\varepsilon^b_{\lambda_2}$；b. 列方程，解方程（二元一次方程）；c. 求 c^a，c^b。

思考题和习题解答

思考题

1. 朗伯-比耳定律的物理意义是什么？什么是透光度？什么是吸光度？二者之间的关系是什么？

答 当一束平行单色光通过单一均匀的非散射的吸光物质溶液时，溶液的吸光度与溶液浓度和液层厚度的乘积成正比。透光度为透射光与入射光强度之比 $T = I/I_0$；吸光度 $A = \lg \frac{1}{T}$。一个表示对光透过的程度，一个表示对光的吸收程度，关系式为 $A = \lg \frac{1}{T}$。

2. 摩尔吸光系数的物理意义是什么？其大小和哪些因素有关？在分析化学中 ε 有何意义？

答 ε 是吸光物质在一定波长和溶剂中的特征常数，反映该吸光物质的灵敏度。其大小和产生吸收的物质的分子结构、原子结构、使用的溶剂、显色剂、温度及测定的波长等因素有关。ε 值越大，表示该吸光物质对此波长光的吸收能力越强，显色反应越灵敏，在最大吸收波长处的摩尔吸收系数常以 ε_{max} 表示。

3. 什么是吸收光谱曲线？什么是标准曲线？它们有何实际意义？利用标准曲线进行定量分析时可否使用透光度 T 和浓度 c 为坐标？

答 以 A（纵坐标）-λ（横坐标）作图可得吸收光谱曲线。其用途为：①进行定性分析；②为进行定量分析选择吸收波长；③判断干扰情况。

以 A（纵坐标）-c（横坐标）作图可得标准曲线，用于定量分析。定量分析时不能使用 T-c 为坐标，因为二者无线性关系。

4. 分光光度法中通常如何选择测定波长？

答 在最大吸收波长处测定吸光度不仅能获得高的灵敏度，而且还能减少由非单色光引起的对朗伯-比耳定律的偏离。因此在分光光度法测定中一般选择最大吸收波长为入射波长。如在 λ_{max} 附近有其他峰（如显色剂、共存组分）干扰时，则选择非最大吸收波长作为入射光的波长，这时灵敏度虽有下降，但却消除了干扰。有时，为了测定高浓度组分，为使工作曲线有足够的线性范围，也可选用其他灵敏度较低的吸收峰作为分析测量的波长。

5. 目视比色法的原理是什么？它有何优缺点？

答 用眼睛观察、比较溶液颜色深浅以确定物质含量的方法称为目视比色法。其优点是仪器简单、操作方便，适用于大批试样的分析。此外，有色化合物浓度与吸光度不符合朗伯-比耳定律时仍可用该法进行测定。其主要缺点是准确度较低，相对误差约为 $5\% \sim 20\%$。因此，该方法仅适用于准确度要求不高的分析或半定量分析。

6. 影响显色反应的因素有哪些？

答 影响显色反应的因素包括溶液酸度、显色剂用量、试剂加入顺序、显色时间、显色温度、有机配合物的稳定性及共存干扰离子的影响等，这些影响因素都要通过实验获得。

7. 分光光度计有哪些主要部件？它们各起什么作用？

答 光源：提供所需波长范围的足够强的连续光谱。单色器：将光源发出的连续光谱分解为单色光。吸收池：盛放吸收试液，透过所需光谱范围的光。检测系统：进行光电转换，给出所需结果（A，T，c）。

8. 示差分光光度法的原理是什么？为什么其准确度比普通分光光度法高？

答 用浓度比样品稍低或稍高的标准溶液代替空白试剂来调节仪器的100％透光率（对浓溶液）或0％透光率（对稀溶液），以提高分光光度法精密度、准确度和灵敏度的方法称为示差分光光度法。两溶液吸光度之差与其浓度之差成正比，这就是示差分光光度法的基本原理。示差分光光度法相当于扩大了仪器的标尺，提高了读数的准确性。

9. 分光光度法有哪些主要用途？

答 分光光度法既可以用于无机化合物的分析，又可以用于有机化合物的分析，可用于光度滴定、配合物组成测定及酸碱解离常数测定等诸多方面。

习 题

一、选择题

1	2	3	4	5	6	7	8	9	10
D	A	D	A	D	C	C	B	C	D

二、填空题

1. $=$，$=$，$>$，$>$，$<$，$<$，$=$，$=$。

2. 0.25。

3. $\mu g \cdot cm^{-2}$，M/ε。

4. 0.2~0.8，0.15~0.65，0.434，T 为20％~65％，0.434。

5. 光源，单色器，样品室，检测器，数据显示系统。

三、计算题

1. 两种蓝色溶液，已知每种溶液仅含一种物质，同样条件下用1.00cm 吸收池得到如下吸光度值。问这两种溶液是否是同一种吸光物质？解释之。

溶液	A_{770nm}	A_{820nm}
1	0.622	0.417
2	0.391	0.240

解 不是。这两份溶液在两个波长处分别服从朗伯-比耳定律，若为同一吸光物质，则在同波长的 ε 应相同，得如下四式：

$$A_{770,1}=\varepsilon_{770}bc_1=0.622 \qquad ①$$
$$A_{820,1}=\varepsilon_{820}bc_1=0.417 \qquad ②$$
$$A_{770,2}=\varepsilon_{770}bc_2=0.391 \qquad ③$$
$$A_{820,2}=\varepsilon_{820}bc_2=0.240 \qquad ④$$

则①/②=0.622/0.417=1.49，③/④=0.391/0.240=1.63，两个比值应相等，而实际

不等。所以，这两种物质不含同一吸光物质。

2. 0.088mg Fe^{3+} 用硫氰酸盐显色后，在容量瓶中用水稀释到 50.00mL，用 1cm 比色皿，在波长 480nm 处测得 $A=0.740$。求吸光系数 a 及 ε。

解 $c=(0.088\times10^{-3})/(50\times10^{-3})=1.76\times10^{-3}(\text{g}\cdot\text{L}^{-1})$

$a=A/(bc)=0.740/(1\times1.76\times10^{-3})=4.20\times10^2(\text{L}\cdot\text{g}^{-1}\cdot\text{cm}^{-1})$

$\varepsilon=4.20\times10^2\times55.84=2.35\times10^4(\text{L}\cdot\text{mol}^{-1}\cdot\text{cm}^{-1})$

3. 某试液用 2.00cm 比色皿测量时，$T=60.0\%$。若用 1.00cm 和 3.00cm 的比色皿测量时，T 及 A 各是多少？

解 $A=\lg\dfrac{1}{T}=abc$

同一溶液，K、c 为定值：

$$\frac{A_1}{A_2}=\frac{\lg T_1}{\lg T_2}=b_1/b_2$$

$b_1=1.00$cm 时：

$$A_1=\frac{b_1}{b_2}\times A_2=b_1/b_2\times(-\lg T_2)$$

$$=\frac{1.00}{2.00}\times(-\lg0.6)=0.111$$

$$T_1=10^{-A_1}=77.4\%$$

$b_3=3.00$cm 时：

$$A_3=\frac{b_3}{b_2}\times A_2=\frac{b_3}{b_2}\times(-\lg T_2)$$

$$=\frac{3.00}{2.00}(-\lg0.6)=0.333$$

$$T_3=10^{-A_3}=46.5\%$$

4. 铁（Ⅱ）与邻二氮菲反应，生成橙红色的邻二氮菲-亚铁配合物，浓度为 1.0×10^{-3} $\text{g}\cdot\text{L}^{-1}$ 的铁（Ⅱ）溶液在波长 508nm、比色皿厚度为 2cm 时，测得 $A=0.380$。计算邻二氮菲-亚铁的 a、ε 及 S（已知：$M_{Fe}=55.85$）。

解 $a=A/(bc)=0.380/(2\times1.0\times10^{-3})=190(\text{L}\cdot\text{g}^{-1}\cdot\text{cm}^{-1})$

$\varepsilon=Ma=55.85\times190=1.1\times10^4(\text{L}\cdot\text{mol}^{-1}\cdot\text{cm}^{-1})$

$S=M/\varepsilon=55.85/(1.1\times10^4)=5.0\times10^{-3}(\mu\text{g}\cdot\text{cm}^{-2})$

5. 以 MnO_4^- 形式测定某合金中锰。溶解 0.500g 合金试样并将锰全部氧化为 MnO_4^- 后，溶液稀释至 500mL，用 1cm 比色皿在 525nm 处测得该溶液的吸光度为 0.400；而另一 1.00×10^{-4} $\text{mol}\cdot\text{L}^{-1}$ $KMnO_4$ 标准溶液在相同条件下测得的吸光度为 0.585。设 $KMnO_4$ 溶液在此浓度范围服从朗伯-比耳定律，求合金中 Mn 的含量。

解 $A=\varepsilon bc$

$\varepsilon=A/(bc)=0.585/(1.00\times1.00\times10^{-4})=5.85\times10^3(\text{L}\cdot\text{mol}^{-1}\cdot\text{cm}^{-1})$

$c=A/(\varepsilon b)=0.400/(5.85\times10^3\times1.00)=6.84\times10^{-5}(\text{mol}\cdot\text{L}^{-1})$

$$w_{Mn}=\frac{6.84\times10^{-5}\times54.94}{0.500\times\dfrac{1000}{500}}\times100\%=0.376\%$$

6. 苯胺（$C_6H_5NH_2$）与苦味酸（三硝基苯酚）能生成 1∶1 的盐-苦味酸苯胺，其 $\lambda_{max}=$

$359nm$，$\varepsilon_{359nm}=1.25\times10^4 L\cdot mol^{-1}\cdot cm^{-1}$。将 $0.200g$ 苯胺试样溶解后定容为 $500mL$。取 $25.0mL$ 该溶液与足量苦味酸反应后，转入 $250mL$ 容量瓶。并稀释至刻度，再取此反应液 $10.0mL$ 稀释到 $100mL$ 后用 $1.00cm$ 比色皿在 $359nm$ 处测得吸光度 $A=0.425$，求此苯胺试样的纯度。

解　$A=\varepsilon bc$

$$c=A/(b\varepsilon)=0.425/(1.00\times1.25\times10^4)=3.40\times10^{-5}(mol\cdot L^{-1})$$

$$w_{苯胺}=\frac{3.40\times10^{-5}\times93.1\times\dfrac{250}{25}\times\dfrac{100}{10}}{0.200\times\dfrac{1000}{500}}\times100\%=79.1\%$$

7. 两种无色物质 X 和 Y，反应生成（按 1∶1 化学计量关系反应）一种在 $550nm$ 处 $\varepsilon_{550nm}=450 L\cdot mol^{-1}\cdot cm^{-1}$ 的有色配合物 XY。该配合物的解离常数是 6.00×10^{-4}。当混合等体积的 $0.0100mol\cdot L^{-1}$ 的 X 和 Y 溶液时，用 $1.00cm$ 比色皿在 $550nm$ 处测得的吸光度应是多少？

解　由题意设 X 溶液反应了 x，则 Y 溶液也反应了 x，有如下关系：

$$XY \Longrightarrow X + Y$$
$$0.00500-x \qquad x \qquad x$$

$$k=\frac{x^2}{0.00500-x}=6.00\times10^{-4}$$

$$x^2+6.00\times10^{-4}x-0.00500\times6.00\times10^{-4}=0$$

$$x=1.46\times10^{-3}$$

$$c_{XY}=0.00500-1.46\times10^{-3}=3.54\times10^{-3}(mol\cdot L^{-1})$$

$$A=\varepsilon bc=450\times1.00\times3.54\times10^{-3}=1.59$$

8. 某钢铁样含镍约 0.12%，拟用丁二酮肟作显色剂进行光度测定 [配合物组成比 1∶1，$\varepsilon=1.3\times10^4(L\cdot mol^{-1}\cdot cm^{-1})$]。试样溶解后需转入 $100mL$ 容量瓶，冲稀至刻度后方能用于显色反应，若显色时含镍溶液又将被稀释 5 倍。问欲在 $470nm$ 用 $1.00cm$ 比色皿测量时的测量误差最小，问应称取试样约多少克？

解　测量误差最小时，$A=0.434$

$$c=A/(\varepsilon b)=0.434/(1.3\times10^4\times1.00)=3.34\times10^{-5}(mol\cdot L^{-1})$$

$$m=5\times3.34\times10^{-5}\times(100/1000)\times58.69/0.12\%\approx0.8(g)$$

9. 某含铁约 0.2% 的试样，用邻二氮菲-亚铁光度法（$\varepsilon=1.10\times10^4 L\cdot mol^{-1}\cdot cm^{-1}$）测定。试样溶解后稀释至 $100mL$，用 $1.00cm$ 比色皿，在 $508nm$ 波长下测定吸光度。

（1）为使吸光度测量引起的浓度相对误差最小，应当称取试样多少克？

（2）如果说使用的光度计透光率最适宜读数范围为 $0.200\sim0.650$，测定溶液应控制的含铁的浓度范围为多少？

解　（1）由朗伯-比耳定律：

$$A=\varepsilon bc$$

浓度相对误差最小时，A 为 0.434。

$$c=0.434/(1.00\times1.10\times10^4)=3.95\times10^{-5}(mol\cdot L^{-1})$$

$$3.95\times10^{-5}\times55.84\times100\times10^{-3}/0.2\%=0.11(g)$$

（2）$c=A/(\varepsilon b)=0.200/1.10\times10^4=1.82\times10^{-5}(mol\cdot L^{-1})$

$c = A/(\varepsilon b) = 0.650/1.10 \times 10^4 = 5.91 \times 10^{-5} (mol \cdot L^{-1})$

应控制铁的浓度范围 $1.82 \times 10^{-5} \sim 5.91 \times 10^{-5} mol \cdot L^{-1}$

10. 某溶液中有三种物质，它们在特定波长处的吸光系数 $a (L \cdot g^{-1} \cdot cm^{-1})$ 如下表所示。设所用比色皿 $b = 1cm$。给出以光度法测定它们浓度的方程式，以 $mg \cdot mL^{-1}$ 为单位。

物质	400nm	500nm	600nm
A	0.00	0.00	1.00
B	2.00	0.05	0.00
C	0.60	1.80	0.00

解 根据吸光度的加和性列方程组

$$\begin{cases} A_{400nm} = 2.00c_B + 0.60c_C \\ A_{500nm} = 0.05c_B + 1.80c_C \\ A_{600nm} = c_A = 1.00 \end{cases}$$

解得 $c_A = A_{600nm}$

$c_B = (3A_{400nm} - A_{500nm})/5.95$

$c_C = (40A_{500nm} - A_{400nm})/71.4$

附　录

表 1　原子量

元素	符号	原子量	元素	符号	原子量	元素	符号	原子量
银	Ag	107.87	铪	Hf	178.49	铷	Rb	85.468
铝	Al	26.982	汞	Hg	200.59	铼	Re	186.21
氩	Ar	39.948	钬	Ho	164.93	铑	Rh	102.905
砷	As	74.922	碘	I	126.90	钌	Ru	101.07
金	Au	196.97	铟	In	114.82	硫	S	32.066
硼	B	10.811	铱	Ir	192.22	锑	Sb	121.76
钡	Ba	137.33	钾	K	39.098	钪	Sc	44.956
铍	Be	9.0122	氪	Kr	83.798	硒	Se	78.96
铋	Bi	208.98	镧	La	138.905	硅	Si	28.086
溴	Br	79.904	锂	Li	6.941	钐	Sm	150.36
碳	C	12.011	镥	Lu	174.97	锡	Sn	118.71
钙	Ca	40.078	镁	Mg	24.305	锶	Sr	87.62
镉	Cd	112.41	锰	Mn	54.938	钽	Ta	180.95
铈	Ce	140.12	钼	Mo	95.96	铽	Tb	158.925
氯	Cl	35.453	氮	N	14.007	碲	Te	127.60
钴	Co	58.933	钠	Na	22.180	钍	Th	232.04
铬	Cr	51.996	铌	Nb	92.906	钛	Ti	47.867
铯	Cs	132.905	钕	Nd	144.24	铊	Tl	204.38
铜	Cu	63.546	氖	Ne	20.180	铥	Tm	168.93
镝	Dy	162.50	镍	Ni	58.693	铀	U	238.03
铒	Er	167.26	镎	Np	237.05	钒	V	50.942
铕	Eu	151.96	氧	O	15.999	钨	W	183.84
氟	F	18.998	锇	Os	190.23	氙	Xe	131.29
铁	Fe	55.845	磷	P	30.974	钇	Y	88.906
镓	Ga	69.723	铅	Pb	207.2	镱	Yb	173.054
钆	Gd	157.25	钯	Pd	106.42	锌	Zn	65.38
锗	Ge	72.64	镨	Pr	140.91	锆	Zr	91.224
氢	H	1.0079	铂	Pt	195.08			
氦	He	4.0026	镭	Ra	226.03			

表2　常见化合物的摩尔质量

化合物	$M/\text{g}\cdot\text{mol}^{-1}$	化合物	$M/\text{g}\cdot\text{mol}^{-1}$
Ag_3AsO_4	462.52	$Ce(SO_4)_2$	332.24
$AgBr$	187.77	$Ce(SO_4)_2\cdot4H_2O$	404.30
$AgCl$	143.32	CH_3COOH	60.052
$AgCN$	133.89	CH_3COONa	82.034
$AlCl_3$	133.34	$CH_3COONa\cdot3H_2O$	136.08
$AlCl_3\cdot6H_2O$	241.43	CH_3COONH_4	77.083
$Al(NO_3)_3$	213.00	$CoCl_2$	129.84
$Al(NO_3)_3\cdot9H_2O$	375.13	$CoCl_2\cdot6H_2O$	237.93
Al_2O_3	101.96	$Co(NO_3)_2$	132.94
$Al(OH)_3$	78.00	$Co(NO_3)_2\cdot6H_2O$	291.03
$Al_2(SO_4)_3$	342.14	CoS	90.99
$Al_2(SO_4)_3\cdot18H_2O$	666.14	$CoSO_4$	154.99
As_2O_3	197.84	$CoSO_4\cdot7H_2O$	281.10
As_2O_5	229.84	$Co(NH_2)_2$	60.06
As_2S_3	246.02	$CrCl_3$	158.35
$AgSCN$	165.95	$CrCl_3\cdot6H_2O$	266.45
Ag_2CrO_4	331.73	$Cr(NO_3)_3$	238.01
AgI	234.77	Cr_2O_3	151.99
$AgNO_3$	169.87	$CuCl$	98.999
$BaCO_3$	197.34	$CuCl_2$	134.45
BaC_2O_4	225.35	$CuCl_2\cdot2H_2O$	170.48
$BaCl_2$	208.24	$CuSCN$	121.62
$BaCl_2\cdot2H_2O$	244.27	CuI	190.45
$BaCrO_4$	253.32	$Cu(NO_3)_2$	187.56
BaO	153.33	$Cu(NO_3)_2\cdot3H_2O$	241.60
$Ba(OH)_2$	171.34	CuO	79.545
$BaSO_4$	233.39	Cu_2O	143.09
$BiCl_3$	315.34	CuS	95.61
$BiOCl$	260.43	$CuSO_4$	159.60
CO_2	44.01	$CuSO_4\cdot5H_2O$	249.68
CaO	56.08	$Fe(OH)_3$	106.87
$CaCO_3$	100.09	FeS	87.91
CaC_2O_4	128.10	Fe_2S_3	207.87
$CaCl_2$	110.99	$FeSO_4$	151.90
$CaCl_2\cdot6H_2O$	219.08	$FeSO_4\cdot7H_2O$	278.01
$Ca(NO_3)_2\cdot4H_2O$	236.15	$FeSO_4(NH_4)_2(SO_4)_2\cdot6H_2O$	392.13
$Ca(OH)_2$	74.09	$FeCl_2$	126.75
$Ca_3(PO_3)_2$	310.08	$FeCl_2\cdot4H_2O$	198.81
$CaSO_4$	136.14	$FeCl_3$	162.21
$CdCO_3$	172.42	$FeCl_3\cdot6H_2O$	270.30
$CdCl_2$	183.32	$FeNH_4(SO_4)_2\cdot12H_2O$	482.18
CdS	144.47	$Fe(NO_3)_3$	241.86

化合物	$M/\text{g}\cdot\text{mol}^{-1}$	化合物	$M/\text{g}\cdot\text{mol}^{-1}$
$Fe(NO_3)_3\cdot9H_2O$	404.00	KCN	65.116
FeO	71.846	K_2CO_3	138.21
Fe_2O_3	159.69	K_2CrO_4	194.19
Fe_3O_4	231.54	$K_2Cr_2O_7$	294.18
H_3AsO_3	125.94	$K_3Fe(CN)_6$	329.25
H_3AsO_4	141.94	$K_4Fe(CN)_6$	368.35
H_3BO_3	61.83	$KFe(SO_4)_2\cdot12H_2O$	503.24
HBr	80.912	$KHC_2O_4\cdot H_2O$	146.14
HCN	27.026	$KHC_2O_4\cdot H_2C_2O_4\cdot2H_2O$	254.19
HCOOH	46.026	$KHC_4H_4O_6$	188.18
H_2CO_3	62.025	$KHSO_4$	136.16
$H_2C_2O_4$	90.035	KI	166.00
$H_2C_2O_4\cdot2H_2O$	126.07	KIO_3	214.00
HCl	36.461	$KIO_3\cdot HIO_3$	389.91
HF	20.006	$KMnO_4$	158.03
HI	127.91	$KNaC_4H_4O_6\cdot4H_2O$	282.22
HIO_3	175.91	KNO_3	101.10
HNO_3	63.013	KNO_2	85.104
HNO_2	47.013	K_2O	94.196
H_2O	18.015	KOH	56.106
H_2O_2	34.015	KSCN	97.18
H_3PO_4	97.995	K_2SO_4	174.25
H_2S	34.08	$MgCO_3$	84.314
H_2SO_3	82.07	$MgCl_2$	95.211
H_2SO_4	98.07	$MgCl_2\cdot6H_2O$	203.30
$Hg(CN)_2$	252.63	MgC_2O_4	112.33
$HgCl_2$	271.50	$Mg(NO_3)_2\cdot6H_2O$	256.41
Hg_2Cl_2	472.09	$MgNH_4PO_4$	137.32
HgI_2	454.40	MgO	40.304
$Hg_2(NO_3)_2$	525.19	$Mg(OH)_2$	58.32
$Hg_2(NO_3)_2\cdot2H_2O$	561.22	$Mg_2P_2O_7$	222.55
$Hg(NO_3)_2$	324.60	$MgSO_4\cdot7H_2O$	246.47
HgO	216.59	$MnCO_3$	114.95
HgS	232.65	$MnCl_2\cdot4H_2O$	197.91
$HgSO_4$	296.65	$Mn(NO_3)_2\cdot6H_2O$	287.04
Hg_2SO_4	497.24	MnO	70.937
$KAl(SO_4)_2\cdot12H_2O$	474.38	MnO_2	86.937
KBr	119.00	MnS	87.00
$KBrO_3$	167.00	$MnSO_4$	151.00
KCl	74.551	$MnSO_4\cdot4H_2O$	223.06
$KClO_3$	122.55	Na_3AsO_3	191.89
$KClO_4$	138.55	$Na_2B_4O_7$	201.22

化合物	$M/\mathrm{g \cdot mol^{-1}}$	化合物	$M/\mathrm{g \cdot mol^{-1}}$
$Na_2B_4O_7 \cdot 10H_2O$	381.37	NiS	90.75
$NaBiO_3$	279.97	$NiSO_4 \cdot 7H_2O$	280.85
$NaCN$	49.007	Sb_2O_3	291.50
$NaSCN$	81.07	Sb_2S_3	339.68
Na_2CO_3	105.99	SiF_4	104.08
$Na_2CO_3 \cdot 10H_2O$	286.14	SiO_2	60.084
$Na_2C_2O_4$	134.00	$SnCl_2$	189.62
$NaCl$	58.443	$SnCl_2 \cdot 2H_2O$	225.65
$NaClO$	74.442	$SnCl_4$	260.52
$NaHCO_3$	84.007	$SnCl_4 \cdot 5H_2O$	350.96
$Na_2HPO_4 \cdot 12H_2O$	358.14	SnO_2	150.71
$Na_2H_2Y \cdot 2H_2O$	372.24	SnS	150.776
$NaNO_2$	68.995	$SrCO_3$	147.63
$NaNO_3$	84.995	SrC_2O_4	175.64
Na_2O	61.979	$SrCrO_4$	203.61
Na_2O_2	77.978	$Sr(NO_3)_2$	211.63
$NaOH$	39.997	SO_2	64.06
Na_3PO_4	163.94	SO_3	80.06
Na_2S	78.04	$SbCl_3$	228.11
$Na_2S \cdot 9H_2O$	240.18	$SbCl_5$	299.02
Na_2SO_3	123.04	$Sr(NO_3)_2 \cdot 4H_2O$	283.69
Na_2SO_1	142.06	$SrSO_4$	183.68
$Na_2S_2O_3$	158.10	P_2O_5	141.94
$Na_2S_2O_3 \cdot 5H_2O$	248.17	$PbCO_3$	267.20
NO	30.006	PbC_2O_4	295.22
NO_2	46.006	$PbCl_2$	278.10
NH_3	17.03	$PbCrO_4$	323.20
NH_4Cl	53.491	$Pb(CH_3COO)_2$	325.30
$(NH_4)_2CO_3$	96.086	$Pb(CH_3COO)_2 \cdot 3H_2O$	379.30
$(NH_4)_2C_2O_4$	124.10	PbI_2	461.00
$(NH_4)_2C_2O_4 \cdot H_2O$	142.11	$Pb(NO_3)_2$	331.20
NH_4SCN	76.12	PbO	223.20
NH_4HCO_3	79.055	PbO_2	239.20
$(NH_4)_2MoO_4$	196.01	$Pb_3(PO_4)_2$	811.54
NH_4NO_3	80.043	PbS	239.30
$(NH_4)_2HPO_4$	132.06	$PbSO_4$	303.30
$(NH_4)_2S$	68.14	$UO_2(CH_3COO)_2 \cdot 2H_2O$	424.15
$(NH_4)_2SO_4$	132.13	$Zn(CH_3COO)_2$	183.47
NH_4VO_3	116.98	$Zn(CH_3COO)_2 \cdot 2H_2O$	219.50
$NiCl_2 \cdot 6H_2O$	237.69	$ZnCO_3$	125.39
NiO	74.69	ZnC_2O_4	153.40
$Ni(NO_3)_2 \cdot 6H_2O$	290.79	$ZnCl_2$	136.29

化合物	$M/\text{g·mol}^{-1}$	化合物	$M/\text{g·mol}^{-1}$
$Zn(NO_3)_2$	189.39	ZnS	97.44
$Zn(NO_3)_2 \cdot 6H_2O$	297.48	$ZnSO_4$	161.44
ZnO	81.38	$ZnSO_4 \cdot 7H_2O$	287.54

表 3 弱酸及共轭碱在水中的解离常数（25℃，$I=0$）

弱酸	分子式	K_a	pK_a	共轭碱	
				pK_b	K_b
砷酸	H_3AsO_4	$6.3 \times 10^{-3}(K_{a_1})$	2.20	11.80	$1.6 \times 10^{-12}(K_{b_3})$
		$1.0 \times 10^{-7}(K_{a_2})$	7.00	7.00	$1.0 \times 10^{-7}(K_{b_2})$
		$3.2 \times 10^{-12}(K_{a_3})$	11.50	2.50	$3.1 \times 10^{-3}(K_{b_1})$
亚砷酸	$HAsO_2$	6.0×10^{-10}	9.22	4.78	1.7×10^{-5}
硼酸	H_3BO_3	5.8×10^{-10}	9.24	4.76	1.7×10^{-5}
焦硼酸	$H_2B_4O_7$	$1 \times 10^{-4}(K_{a_1})$	4	105	$1 \times 10^{-10}(K_{b_2})$
		$1 \times 10^{-9}(K_{a_2})$	9		$1 \times 10^{-5}(K_{b_1})$
碳酸	H_2CO_3 $(CO_2 + H_2O)$	$4.2 \times 10^{-7}(K_{a_1})$	6.38	7.63	$2.4 \times 10^{-8}(K_{b_2})$
		$5.6 \times 10^{-11}(K_{a_2})$	10.25	3.75	$1.8 \times 10^{-4}(K_{b_1})$
氢氰酸	HCN	6.2×10^{-10}	9.21	4.79	1.6×10^{-5}
铬酸	H_2CrO_4	$1.8 \times 10^{-1}(K_{a_1})$	0.74	13.26	$5.6 \times 10^{-14}(K_{b_2})$
		$3.2 \times 10^{-7}(K_{a_2})$	6.50	7.5	$3.1 \times 10^{-8}(K_{b_1})$
氢氟酸	HF	6.6×10^{-4}	3.18	10.82	1.5×10^{-11}
亚硝酸	HNO_2	5.1×10^{-4}	3.29	10.71	1.2×10^{-11}
过氧化氢	H_2O_2	1.8×10^{-12}	11.75	2.25	5.6×10^{-3}
磷酸	H_3PO_4	$7.6 \times 10^{-3}(K_{a_1})$	2.12	11.88	$1.3 \times 10^{-12}(K_{b_3})$
		$6.3 \times 10^{-8}(K_{a_2})$	7.20	6.8	$1.6 \times 10^{-7}(K_{b_2})$
		$4.4 \times 10^{-13}(K_{a_3})$	12.36	1.64	$2.3 \times 10^{-2}(K_{b_1})$
焦磷酸	$H_4P_2O_7$	$3.0 \times 10^{-2}(K_{a_1})$	1.52	12.48	$3.3 \times 10^{-13}(K_{b_4})$
		$4.4 \times 10^{-3}(K_{a_2})$	2.36	11.64	$2.3 \times 10^{-12}(K_{b_3})$
		$2.5 \times 10^{-7}(K_{a_3})$	6.60	7.40	$4.0 \times 10^{-8}(K_{b_2})$
		$5.6 \times 10^{-11}(K_{a_4})$	9.25	4.75	$1.8 \times 10^{-5}(K_{b_1})$
亚磷酸	H_3PO_3	$5.0 \times 10^{-2}(K_{a_1})$	1.30	12.70	$2.0 \times 10^{-13}(K_{b_2})$
		$2.5 \times 10^{-7}(K_{a_2})$	6.60	7.40	$4.0 \times 10^{-8}(K_{b_1})$
氢硫酸	H_2S	$1.3 \times 10^{-7}(K_{a_1})$	6.88	7.12	$7.7 \times 10^{-8}(K_{b_2})$
		$7.1 \times 10^{-15}(K_{a_2})$	14.15	−0.15	$1.41(K_{b_1})$
硫酸	HSO_4^-	$1.0 \times 10^{-2}(K_{a_2})$	1.99	12.01	$1.0 \times 10^{-12}(K_{b_1})$
亚硫酸	H_2SO_3 $(SO_2 + H_2O)$	$1.3 \times 10^{-2}(K_{a_1})$	1.90	12.10	$7.7 \times 10^{-13}(K_{b_2})$
		$6.3 \times 10^{-8}(K_{a_2})$	7.20	6.80	$1.6 \times 10^{-7}(K_{b_1})$
偏硅酸	H_2SiO_3	$1.7 \times 10^{-10}(K_{a_1})$	9.77	4.23	$5.9 \times 10^{-5}(K_{b_2})$
		$1.6 \times 10^{-12}(K_{a_2})$	11.8	2.20	$6.2 \times 10^{-3}(K_{b_1})$
甲酸	$HCOOH$	1.8×10^{-4}	3.74	10.26	5.5×10^{-11}

弱酸	分子式	K_a	pK_a	共轭碱	
				pK_b	K_b
乙酸	CH_3COOH	1.8×10^{-5}	4.74	9.26	5.5×10^{-10}
一氯乙酸	$CH_2ClCOOH$	1.4×10^{-3}	2.86	11.14	6.9×10^{-12}
二氯乙酸	$CHCl_2COOH$	5.0×10^{-2}	1.30	12.70	2.0×10^{-13}
三氯乙酸	CCl_3COOH	0.23	0.64	13.36	4.3×10^{-14}
氨基乙酸盐	$^+NH_3CH_2COOH$	$4.5 \times 10^{-3}(K_{a_1})$	2.35	11.65	$2.2 \times 10^{-12}(K_{b_2})$
	$^+NH_3CH_2COOH^-$	$2.5 \times 10^{-10}(K_{a_2})$	9.60	4.40	$4.0 \times 10^{-5}(K_{b_1})$
乳酸	$CH_3CHOHCOOH$	1.4×10^{-4}	3.86	10.14	7.2×10^{-11}
苯甲酸	C_6H_5COOH	6.2×10^{-5}	4.21	9.79	1.6×10^{-10}
草酸	$H_2C_2O_4$	$5.9 \times 10^{-2}(K_{a_1})$	1.22	12.78	$1.7 \times 10^{-13}(K_{b_2})$
		$6.4 \times 10^{-5}(K_{a_2})$	4.19	9.81	$1.6 \times 10^{-10}(K_{b_1})$
D-酒石酸	CH(OH)COOH | CH(OH)COOH	$9.1 \times 10^{-4}(K_{a_1})$	3.04	10.96	$1.1 \times 10^{-11}(K_{b_2})$
		$4.3 \times 10^{-5}(K_{a_2})$	4.37	9.63	$2.3 \times 10^{-10}(K_{b_1})$
邻苯二甲酸	COOH COOH (苯环)	$1.1 \times 10^{-3}(K_{a_1})$	2.95	11.05	$9.1 \times 10^{-12}(K_{b_2})$
		$3.9 \times 10^{-6}(K_{a_2})$	5.41	8.59	$2.6 \times 10^{-9}(K_{b_1})$
柠檬酸	CH_2COOH | $C(OH)COOH$ | CH_2COOH	$7.4 \times 10^{-4}(K_{a_1})$	3.13	10.87	$1.4 \times 10^{-11}(K_{b_3})$
		$1.7 \times 10^{-5}(K_{a_2})$	4.76	9.26	$5.9 \times 10^{-10}(K_{b_2})$
		$4.0 \times 10^{-7}(K_{a_3})$	6.40	7.60	$2.5 \times 10^{-8}(K_{b_1})$
苯酚	C_6H_5OH	1.1×10^{-10}	9.95	4.05	9.1×10^{-5}
乙二胺四乙酸	H_6-EDTA^{2+}	$0.13(K_{a_1})$	0.9	13.1	$7.7 \times 10^{-14}(K_{b_6})$
	H_5-EDTA$^+$	$3 \times 10^{-2}(K_{a_2})$	1.6	12.4	$3.3 \times 10^{-10}(K_{b_5})$
	H_4-EDTA	$1 \times 10^{-2}(K_{a_3})$	2.0	12.0	$1 \times 10^{-8}(K_{b_4})$
	H_3-EDTA$^-$	$2.1 \times 10^{-3}(K_{a_4})$	2.67	11.33	$4.8 \times 10^{-12}(K_{b_3})$
	H_2-EDTA^{2-}	$6.9 \times 10^{-7}(K_{a_5})$	6.16	7.84	$1.4 \times 10^{-8}(K_{b_2})$
	H-EDTA^{3-}	$5.5 \times 10^{-11}(K_{a_6})$	10.26	3.74	$1.8 \times 10^{-4}(K_{b_1})$
铵根离子	NH_4^+	5.5×10^{-10}	9.26	4.74	1.8×10^{-5}
联氨离子	$^+NH_3NH_3^+$	3.3×10^{-9}	8.48	5.52	3.0×10^{-6}
羟氨离子	NH_3^+OH	1.1×10^{-6}	5.96	8.04	9.1×10^{-9}
甲胺离子	$CH_3NH_3^+$	2.4×10^{-11}	10.62	3.38	4.2×10^{-4}
乙胺离子	$C_2H_5NH_3^+$	1.8×10^{-11}	10.75	3.25	5.6×10^{-4}
二甲胺离子	$(CH_3)_2NH_2^+$	8.5×10^{-11}	10.07	3.93	1.2×10^{-4}
二乙胺离子	$(C_2H_5)_2NH_2^+$	7.8×10^{-11}	11.11	2.89	1.3×10^{-3}
乙醇胺离子	$HOCH_2CH_2NH_3^+$	3.2×10^{-10}	9.50	4.50	3.2×10^{-5}
三乙醇胺离子	$(HOCH_2CH_2)_3NH^+$	1.7×10^{-8}	7.76	6.24	5.8×10^{-7}
六亚甲基四胺离子	$(CH_2)_6N_4H^+$	7.1×10^{-6}	5.15	8.85	1.4×10^{-9}
乙二胺离子	$^+NH_3CH_2CH_2NH_3^+$	$1.4 \times 10^{-7}(K_{a_1})$	6.85	7.15	$7.1 \times 10^{-8}(K_{b_2})$
	$H_2NCH_2CH_2NH_3^+$	$1.2 \times 10^{-10}(K_{a_2})$	9.93	4.07	$8.5 \times 10^{-5}(K_{b_1})$
吡啶阳离子	NH$^+$ (吡啶环)	5.9×10^{-6}	5.23	8.77	1.7×10^{-9}

表 4　氨羧类配合物的稳定常数（18～25℃，$I=0.1\text{mol}\cdot\text{L}^{-1}$）

金属离子	lgK					NTA	
	EDTA	DCyTA	DTPA	EGTA	HEDTA	$\lg\beta_1$	$\lg\beta_2$
Ag^+	7.32			6.88	6.71	5.16	
Al^{3+}	16.3	19.5	18.6	13.9	14.3	11.4	
Ba^{2+}	7.86	8.69	8.87	8.41	6.3	4.82	
Be^{2+}	9.2	11.51				7.11	
Bi^{3+}	27.94	32.3	35.6		22.3	17.5	
Ca^{2+}	10.69	13.20	10.83	10.97	8.3	6.41	
Cd^{2+}	16.46	19.93	19.2	16.7	13.3	9.83	14.61
Co^{2+}	16.31	19.62	19.27	12.39	14.6	10.38	14.39
Co^{3+}	36				37.4	6.84	
Cr^{3+}	23.4					6.23	
Cu^{2+}	18.80	22.00	21.55	17.71	17.6	12.96	
Fe^{2+}	14.32	19.0	16.5	11.87	12.3	8.33	
Fe^{3+}	25.1	30.1	28.0	20.5	19.8	15.9	
Ga^{3+}	20.3	23.2	25.54		16.9	13.6	
Hg^{2+}	21.7	25.00	26.70	23.2	20.30	14.6	
In^{3+}	25.0	28.8	29.0		20.2	16.9	
Li^+	2.79					2.51	
Mg^{2+}	8.7	11.02	9.30	5.21	7.0	5.41	
Mn^{2+}	13.87	17.48	15.60	12.28	10.9	7.44	
$Mo(V)$	～28						
Na^+	1.66						1.22
Ni^{2+}	18.62	20.3	20.32	13.55	17.3	11.53	16.42
Pb^{2+}	18.04	20.38	18.80	14.71	15.7	11.39	
Sc^{3+}	23.1	26.1	24.5	18.2			24.1
Sn^{2+}	22.11						
Sr^{2+}	8.73	10.59	9.77	8.50	6.9	4.98	
Th^{4+}	23.2	25.6	28.78				
TiO^{2+}	17.3						
Tl^{3+}	37.8	38.3				20.9	32.5
U^{4+}	25.8	27.6	7.69				
VO^{2+}	18.8	20.1					
Y^{3+}	18.09	19.85	22.13	17.16	14.78	11.41	20.43
Zn^{2+}	16.50	19.37	18.40	12.7	14.7	10.67	14.29
Zr^{4+}	29.5		35.8			20.8	
稀土元素	16～20	17～22	19		13～16	10～12	

注：EDTA 为乙二胺四乙酸；DCyTA（或 DCTA，CyDTA）为环己二胺四乙酸；DTPA 为二乙基三胺五乙酸；HEDTA 为 N-β-羟乙基乙二胺三乙酸；NTA 为氨三乙酸；EGTA 为乙二醇二乙醚二胺四乙酸。

表 5 配合物的稳定常数 (18～25℃)

金属离子	$I/\text{mol·L}^{-1}$	n	$\lg\beta_n$
氨配合物			
Ag^+	0.5	1,2	3.24,7.05
Cd^{2+}	2	1,…,6	2.65,4.75,6.19,7.12,6.80,5.14
Co^{2+}	2	1,…,6	2.11,3.74,4.79,5.55,5.73,5.11
Co^{3+}	2	1,…,6	6.7,14.0,20.1,25.7,30.8,35.2
Cu^+	2	1,2	5.93,10.86
Cu^{2+}	2	1,…,5	4.31,7.98,11.02,13.32,12.86
Ni^{2+}	2	1,…,6	2.80,5.04,6.77,7.96,8.71,8.74
Zn^{2+}	2	1,…,4	2.37,4.81,7.31,9.46
溴配合物			
Ag^+	0	1,…,4	4.38,7.33,8.00,8.73
Bi^{3+}	2.3	1,…,6	4.30,5.55,5.89,7.82,—,9.70
Cd^{2+}	3	1,…,4	1.75,2.34,3.32,3.70
Cu^{2+}	0	2	25.89
Hg^{2+}	0.5	1,…,4	9.05,17.32,19.74,21.00
氯配合物			
Ag^+	0	1,…,4	3.04,5.04,5.04,5.30
Hg^{2+}	0.5	1,…,4	6.74,13.22,14.07,15.07
Sn^{2+}	0	1,…,4	1.51,2.24,2.03,1.48
Sb^{2+}	4	1,…,5	2.26,3.49,4.18,4.72,4.11
氰配合物			
Ag^+	0	1,…,4	—,21.1,21.7,20.6
Cd^{2+}	3	1,…,4	5.48,10.60,15.23,18.78
Co^{2+}		6	19.09
Cu^{2+}	0	1,…,4	—,24.0,28.59,30.3
Fe^{2+}	0	6	35
Fe^{3+}	0	6	42
Hg^{2+}	0	4	41.4
Ni^{2+}	0.1	4	31.3
Zn^{2+}	0.1	4	16.7
氟配合物			
Al^{3+}	0.5	1,…,6	6.13,11.15,15.00,17.75,19.37,19.84
Fe^{3+}	0.5	1,…,6	5.28,9.30,12.06,—,15.77,—
Th^{4+}	0.5	1,2,3	7.65,13.46,17.97
TiO_2^{2+}	3	1,…,4	5.4,9.8,13.7,18.0
ZrO_2^{2+}	2	1,2,3	8.80,16.12,21.94
碘配合物			
Ag^+	0	1,2,3	6.58,11.74,13.68
Bi^{3+}	2	1,…,6	3.63,—,—,14.95,16.80,18.80
Cd^{2+}	0	1,…,4	2.10,3.43,4.49,5.41
Pb^{2+}	0	1,…,4	2.00,3.15,3.92,4.47
Hg^{2+}	0.5	1,…,4	12.87,23.82,27.60,29.83

金属离子	$I/\text{mol} \cdot \text{L}^{-1}$	n	$\lg\beta_n$
磷酸配合物			
Ca^{2+}	0.2	CaHL	1.7
Mg^{2+}	0.2	MgHL	1.9
Mn^{2+}	0.2	MnHL	2.6
Fe^{3+}	0.66	FeL	9.35
硫氰酸配合物			
Ag^+	2.2	$1,\cdots,4$	—,7.57,9.08,10.08
Au^+	0	$1,\cdots,4$	—,23,—,42
Co^{2+}	1	1	1.0
Cu^+	5	$1,\cdots,4$	—,11.00,10.90,10.48
Fe^{3+}	0.5	1,2	2.95,3.36
Hg^{2+}	1	$1,\cdots,4$	—,17.47,—,21.23
硫代硫酸配合物			
Ag^+	0	1,2,3	8.82,13.46,14.15
Cu^+	0.8	1,2,3	10.35,12.27,13.71
Hg^{2+}	0	$1,\cdots,4$	—,29.86,32.26,33.61
Pb^{2+}	0	1,2	5.1,6.4
乙酰丙酮配合物			
Al^{3+}	0	1,2,3	8.60,15.5,21.30
Cu^{2+}	0	1,2	8.27,16.34
Fe^{2+}	0	1,2	5.07,8.67
Fe^{3+}	0	1,2,3	11.4,22.1,26.7
Ni^{2+}	0	1,2,3	6.06,10.77,13.09
Zn^{2+}	0	1,2	4.98,8.81
柠檬酸配合物			
Ag^+	0	Ag_2HL	7.1
Al^{3+}	0.5	AlHL	7.0
		AlL	20.0
		AlOHL	30.6
Ca^{2+}	0.5	CaH_3L	10.9
		CaH_2L	8.4
		CaHL	3.5
Cd^{2+}	0.5	CdH_2L	7.9
		CdHL	4.0
		CdL	11.3
Co^{2+}	0.5	CoH_2L	8.9
		CoHL	4.4
		CoL	12.5
Cu^{2+}	0.5	CuH_3L	12.0
	0	CuHL	6.1
	0.5	CuL	18.0
Fe^{2+}	0.5	FeH_3L	7.3
		FeHL	3.1
		FeL	15.5
Fe^{3+}	0.5	FeH_2L	12.2
		FeHL	10.9
		FeL	25.0

金属离子	$I/\text{mol}\cdot\text{L}^{-1}$	n	$\lg\beta_n$
柠檬酸配合物			
Ni^{2+}	0.5	NiH_2L	9.0
		$NiHL$	4.8
		NiL	14.3
Pb^{2+}	0.5	PbH_2L	11.2
		$PbHL$	5.2
		PbL	12.3
Zn^{2+}	0.5	ZnH_2L	8.7
		$ZnHL$	4.5
		ZnL	11.4
草酸配合物			
Al^{3+}	0	1,2,3	7.26,13.0,16.3
Cd^{2+}	0.5	1,2	2.9,4.7
Co^{2+}	0.5	$CoHL$	5.5
		CoH_2L	10.6
		1,2,3	4.79,6.7,9.7
Co^{3+}	0	3	约20
Cu^{2+}	0.5	$CuHL$	6.25
		1,2	4.5,8.9
Fe^{2+}	0.5~1	1,2,3	2.9,4.52,5.22
Fe^{3+}	0	1,2,3	9.4,16.2,20.2
Mg^{2+}	0.1	1,2	2.76,4.38
$Mn(\text{III})$	2	1,2,3	9.98,16.57,19.42
Ni^{2+}	0.1	1,2,3	5.3,7.64,8.5
$Th(\text{IV})$	0.1	4	24.5
TiO^{2+}	2	1,2	6.6,9.9
Zn^{2+}	0.5	ZnH_2L	5.6
		1,2,3	4.89,7.60,8.15
磺基水杨酸配合物			
Al^{3+}	0.1	1,2,3	13.20,22.83,28.89
Cd^{2+}	0.25	1,2	16.68,29.08
Co^{2+}	0.1	1,2	6.13,9.82
Cr^{3+}	0.1	1	9.56
Cu^{3+}	0.1	1,2	9.52,16.45
Fe^{2+}	0.1~0.5	1,2	5.90,9.90
Fe^{3+}	0.25	1,2,3	14.64,25.18,32.12
Mn^{2+}	0.1	1,2	5.24,8.24
Ni^{2+}	0.1	1,2	6.42,10.24
Zn^{2+}	0.1	1,2	6.05,10.65
酒石酸配合物			
Bi^{3+}	0	3	8.30
Ca^{2+}	0.5	$CaHL$	4.85
Cd^{2+}	0	1,2	2.98,9.01
Cu^{2+}	0.5	1	2.8
Fe^{3+}	1	1,…,4	3.2,5.11,4.78,6.51
Mg^{2+}	0	3	7.49
	0.5	$MgHL$	4.65
Pb^{2+}	0	1	1.2
		1,2,3	3.78,—,4.7
Zn^{2+}	0.5	$ZnHL$	4.5
		1,2	2.4,8.32

金属离子	$I/\text{mol}\cdot L^{-1}$	n	$\lg\beta_n$
乙二胺配合物			
Al^{3+}	0.1	1,2	4.70,7.70
Cd^{2+}	0.5	1,2,3	5.47,10.09,12.09
Co^{2+}	1	1,2,3	5.91,10.64,13.94
Co^{3+}	1	1,2,3	18.70,34.90,48.69
Cu^{+}		2	10.8
Cu^{2+}	1	1,2,3	10.67,20.00,21.0
Fe^{2+}	1.4	1,2,3	4.34,7.65,9.70
Hg^{2+}	0.1	1,2	14.30,23.3
Mn^{2+}	1	1,2,3	2.73,4.79,5.67
Ni^{2+}	1	1,2,3	7.52,13.80,18.06
Zn^{2+}	1	1,2,3	5.77,10.83,14.11
硫脲配合物			
Ag^{+}	0.03	1,2	7.4,13.1
Bi^{3+}	0.1	6	11.9
Cu^{+}		3,4	13,15.4
Hg^{2+}		2,3,4	22.1,24.7,26.8
氢氧基配合物			
Al^{3+}	2	4	33.3
		$Al_6(OH)_{15}^{3+}$	163
Bi^{3+}	3	1	12.4
		$Bi_6(OH)_{12}^{6+}$	168.3
Cd^{2+}	3	1,$\cdots$,4	4.3,7.7,10.3,12.0
Co^{2+}	0.1	1,3	5.1,—,10.2
Cr^{3+}	0.1	1,2	10.2,18.3
Fe^{2+}	1	1	4.5
Fe^{3+}	3	1,2	11.0,21.7
		$Fe_2(OH)_2^{4+}$	25.1
Hg^{2+}	0.5	2	21.7
Mg^{2+}	0	1	2.6
Mn^{2+}	0.1	1	3.4
Ni^{2+}	0.1	1	4.6
Pb^{2+}	0.3	1,2,3	6.2,10.3,13.3
		$Pb_2(OH)^{3+}$	7.6
Sn^{2+}	3	1	10.1
Th^{4+}	1	1	9.7
Ti^{3+}	0.5	1	11.8
TiO^{2+}	1	1	13.7
VO^{2+}	3	1	8.0
Zn^{2+}	0	1,$\cdots$,4	4.4,10.1,14.2,15.5

注：β_n 为配合物的累积稳定常数；酸式、碱式配合物及多核氢氧基配合物的化学式标明于 n 栏中。

表6　EDTA 的 $lg\alpha_{Y(H)}$

pH	$lg\alpha_{Y(H)}$	pH	$lg\alpha_{Y(H)}$	pH	$lg\alpha_{Y(H)}$	pH	$lg\alpha_{Y(H)}$	pH	$lg\alpha_{Y(H)}$
0.0	23.64	2.5	11.90	5.0	6.45	7.5	2.78	10.0	0.45
0.1	23.06	2.6	11.62	5.1	6.26	7.6	2.68	10.1	0.39
0.2	22.47	2.7	11.35	5.2	6.07	7.7	2.57	10.2	0.33
0.3	21.89	2.8	11.09	5.3	5.88	7.8	2.47	10.3	0.28
0.4	21.32	2.9	10.84	5.4	5.69	7.9	2.37	10.4	0.24
0.5	20.75	3.0	10.60	5.5	5.51	8.0	2.27	10.5	0.20
0.6	20.18	3.1	10.37	5.6	5.33	8.1	2.17	10.6	0.16
0.7	19.62	3.2	10.14	5.7	5.15	8.2	2.07	10.7	0.13
0.8	19.08	3.3	9.92	5.8	4.98	8.3	1.97	10.8	0.11
0.9	18.54	3.4	9.70	5.9	4.81	8.4	1.87	10.9	0.09
1.0	18.01	3.5	9.48	6.0	4.65	8.5	1.77	11.0	0.07
1.1	17.49	3.6	9.27	6.1	4.49	8.6	1.67	11.1	0.06
1.2	16.98	3.7	9.06	6.2	4.34	8.7	1.57	11.2	0.05
1.3	16.49	3.8	8.85	6.3	4.20	8.8	1.48	11.3	0.04
1.4	16.02	3.9	8.65	6.4	4.06	8.9	1.38	11.4	0.03
1.5	15.55	4.0	8.44	6.5	3.92	9.0	1.28	11.5	0.02
1.6	15.11	4.1	8.24	6.6	3.79	9.1	1.19	11.6	0.02
1.7	14.68	4.2	8.04	6.7	3.67	9.2	1.10	11.7	0.02
1.8	14.27	4.3	7.84	6.8	3.55	9.3	1.01	11.8	0.01
1.9	13.88	4.4	7.64	6.9	3.43	9.4	0.92	11.9	0.01
2.0	13.51	4.5	7.44	7.0	3.32	9.5	0.83	12.0	0.01
2.1	13.16	4.6	7.24	7.1	3.21	9.6	0.75	12.1	0.01
2.2	12.82	4.7	7.04	7.2	3.10	9.7	0.57	12.2	0.005
2.3	12.50	4.8	6.84	7.3	2.99	9.8	0.59	13.0	0.0008
2.4	12.19	4.9	6.65	7.4	2.88	9.9	0.52	13.9	0.0001

表7　金属离子的 $lg\alpha_{M(OH)}$ 值

金属离子	离子强度	pH 值 1	2	3	4	5	6	7	8	9	10	11	12	13	14
Ag(Ⅰ)	0.1											0.1	0.5	2.3	5.1
Al(Ⅲ)	2					0.4	1.3	5.3	9.3	13	17	21.3	25.3	29.3	33.3
Ba(Ⅱ)	0.1													0.1	0.5
Bi(Ⅲ)	3	0.1	0.5	1.4	2.4	3.4	4.4	5.4							
Ca(Ⅱ)	0.1													0.3	1.0
Cd(Ⅱ)	3									0.1	0.5	2.0	4.5	8.1	12.0
Ce(Ⅳ)	1~2	1.2	3.1	5.1	7.1	9.1	11	13							
Cu(Ⅱ)	0.1								0.2	0.8	1.7	2.7	3.7	4.7	5.7
Fe(Ⅱ)	1									0.1	0.6	1.5	2.5	3.5	4.5
Fe(Ⅲ)	3			0.4	1.8	3.7	5.7	7.7	9.7	12	14	15.7	17.7	19.7	21.7
Hg(Ⅱ)	0.1			0.5	1.9	3.9	5.9	7.9	9.9	12	14	15.9	17.9	19.9	21.9
La(Ⅲ)	3										0.3	1.0	1.9	2.9	3.9
Mg(Ⅱ)	0.1											0.1	0.5	1.3	2.3
Ni(Ⅱ)	0.1									0.1	0.7	1.6			
Pb(Ⅱ)	0.1							0.1	0.5	1.4	2.7	4.7	7.4	10.4	13.4
Th(Ⅳ)	1				0.2	0.8	1.7	2.7	3.7	4.7	5.7	6.7	7.7	8.7	9.7
Zn(Ⅱ)	0.1									0.2	2.4	5.4	8.5	11.8	11.5

表 8　标准电极电位（18～25℃）

半反应	$\varphi^{\ominus}/V$
$F_2(g) + 2H^+ + 2e^- \rightleftharpoons 2HF$	3.06
$O_3 + 2H^+ + 2e^- \rightleftharpoons O_2 + H_2O$	2.07
$S_2O_8^{2-} + 2e^- \rightleftharpoons 2SO_4^{2-}$	2.01
$H_2O_2 + 2H^+ + 2e^- \rightleftharpoons 2H_2O$	1.77
$MnO_4^- + 4H^+ + 3e^- \rightleftharpoons MnO_2(s) + 2H_2O$	1.695
$PbO_2(s) + SO_4^{2-} + 4H^+ + 2e^- \rightleftharpoons PbO_4(s) + 2H_2O$	1.685
$HClO_2 + 2H^+ + 2e^- \rightleftharpoons HClO + H_2O$	1.64
$HClO + H^+ + e^- \rightleftharpoons \frac{1}{2}Cl_2 + H_2O$	1.63
$Ce^{4+} + e^- \rightleftharpoons Ce^{3+}$	1.61
$H_5IO_6 + H^+ + 2e^- \rightleftharpoons IO_3^- + 3H_2O$	1.60
$HBrO + H^+ + e^- \rightleftharpoons \frac{1}{2}Br_2 + H_2O$	1.59
$Br_3^- + 6H^+ + 5e^- \rightleftharpoons \frac{1}{2}Br_2 + 3H_2O$	1.52
$MnO_4^- + 8H^+ + 5e^- \rightleftharpoons Mn^{2+} + 4H_2O$	1.51
$Au(Ⅲ) + 3e^- \rightleftharpoons Au$	1.50
$HClO + H^+ + 2e^- \rightleftharpoons Cl^- + H_2O$	1.49
$ClO_3^- + 6H^+ + 5e^- \rightleftharpoons \frac{1}{2}Cl_2 + 3H_2O$	1.47
$PbO_2(s) + 4H^+ + 2e^- \rightleftharpoons Pb^{2+} + 2H_2O$	1.455
$HIO + H^+ + e^- \rightleftharpoons \frac{1}{2}I_2 + H_2O$	1.45
$ClO_3^- + 6H^+ + 6e^- \rightleftharpoons Cl^- + 3H_2O$	1.45
$BrO_3^- + 6H^+ + 6e^- \rightleftharpoons Br^- + 3H_2O$	1.44
$Au(Ⅲ) + 2e^- \rightleftharpoons Au(Ⅰ)$	1.41
$Cl_2(g) + 2e^- \rightleftharpoons 2Cl^-$	1.3595
$ClO_4^- + 8H^+ + 7e^- \rightleftharpoons \frac{1}{2}Cl_2 + 4H_2O$	1.34
$Cr_2O_7^{2-} + 14H^+ + 6e^- \rightleftharpoons 2Cr^{3+} + 7H_2O$	1.33
$MnO_2(s) + 4H^+ + 2e^- \rightleftharpoons Mn^{2+} + 2H_2O$	1.23
$O_2(g) + 4H^+ + 4e^- \rightleftharpoons 2H_2O$	1.229
$IO_3^- + 6H^+ + 5e^- \rightleftharpoons \frac{1}{2}I_2 + 3H_2O$	1.20
$ClO_4^- + 2H^+ + 2e^- \rightleftharpoons ClO_3^- + H_2O$	1.19
$Br_2(aq) + 2e^- \rightleftharpoons 2Br^-$	1.087
$NO_2 + H^+ + e^- \rightleftharpoons HNO_2$	1.07
$Br_3^- + 2e^- \rightleftharpoons 3Br^-$	1.05
$HNO_2 + H^+ + e^- \rightleftharpoons NO(g) + H_2O$	1.00
$VO_2^+ + 2H^+ + e^- \rightleftharpoons VO^{2+} + H_2O$	1.00

半反应	$\varphi^{\ominus}/V$
$HIO+H^++2e^-\Longrightarrow I^-+H_2O$	0.99
$NO_3^-+3H^++2e^-\Longrightarrow HNO_2+H_2O$	0.94
$ClO^-+H_2O+2e^-\Longrightarrow Cl^-+2OH^-$	0.89
$H_2O_2+2e^-\Longrightarrow 2OH^-$	0.88
$Cu^{2+}+I^-+e^-\Longrightarrow CuI(s)$	0.86
$Hg^{2+}+2e^-\Longrightarrow Hg$	0.854
$NO_3^-+2H^++e^-\Longrightarrow NO_2+H_2O$	0.80
$Ag^++e^-\Longrightarrow Ag$	0.7995
$Hg_2^{2+}+2e^-\Longrightarrow 2Hg$	0.793
$Fe^{3+}+e^-\Longrightarrow Fe^{2+}$	0.771
$BrO^-+H_2O+2e^-\Longrightarrow Br^-+2OH^-$	0.76
$O_2(g)+2H^++2e^-\Longrightarrow H_2O_2$	0.682
$AsO_2^-+2H_2O+3e^-\Longrightarrow As+4OH^-$	0.68
$2HgCl_2+2e^-\Longrightarrow Hg_2Cl_2(s)+2Cl^-$	0.63
$HgSO_4(s)+2e^-\Longrightarrow Hg+SO_4^{2-}$	0.6151
$MnO_4^-+2H_2O+3e^-\Longrightarrow MnO_2(s)+4OH^-$	0.588
$MnO_4^-+e^-\Longrightarrow MnO_4^{2-}$	0.564
$H_3AsO_4+2H^++2e^-\Longrightarrow HAsO_2+2H_2O$	0.559
$I_3^-+2e^-\Longrightarrow 3I^-$	0.545
$I_2(s)+2e^-\Longrightarrow 2I^-$	0.5345
$Mo(Ⅵ)+e^-\Longrightarrow Mo(Ⅴ)$	0.53
$Cu^++e^-\Longrightarrow Cu$	0.52
$4SO_2(aq)+4H^++6e^-\Longrightarrow S_4O_6^{2-}+2H_2O$	0.51
$HgCl_4^{2-}+2e^-\Longrightarrow Hg+4Cl^-$	0.48
$2SO_2(aq)+2H^++4e^-\Longrightarrow S_2O_3^{2-}+H_2O$	0.40
$Fe(CN)_6^{3-}+e^-\Longrightarrow Fe(CN)_6^{4-}$	0.36
$Cu^{2+}+2e^-\Longrightarrow Cu$	0.337
$VO^{2+}+2H^++e^-\Longrightarrow V^{3+}+H_2O$	0.337
$BiO^++2H^++3e^-\Longrightarrow Bi+H_2O$	0.32
$Hg_2Cl_2(s)+2e^-\Longrightarrow 2Hg+2Cl^-$	0.2676
$HAsO_2+3H^++3e^-\Longrightarrow As+2H_2O$	0.248
$AgCl(s)+e^-\Longrightarrow Ag+Cl^-$	0.2223
$SbO^++2H^++3e^-\Longrightarrow Sb+H_2O$	0.212
$SO_4^{2-}+4H^++2e^-\Longrightarrow SO_2(aq)+2H_2O$	0.17
$Cu^{2+}+e^-\Longrightarrow Cu^+$	0.159
$Sn^{4+}+2e^-\Longrightarrow Sn^{2+}$	0.154
$S+2H^++2e^-\Longrightarrow H_2S(g)$	0.141
$Hg_2Br_2+2e^-\Longrightarrow 2Hg+2Br^-$	0.1395

半反应	$\varphi^{\ominus}/\text{V}$
$TiO^{2+}+4H^{+}+e^{-}\Longrightarrow Ti^{3+}+2H_2O$	0.1
$S_4O_5^{2-}+2e^{-}\Longrightarrow 2S_2O_5^{2-}$	0.08
$AgBr(s)+e^{-}\Longrightarrow Ag+Br^{-}$	0.071
$2H^{+}+2e^{-}\Longrightarrow H_2$	0.000
$O_2+H_2O+2e^{-}\Longrightarrow HO_2^{-}+OH^{-}$	-0.067
$TiOCl^{+}+2H^{+}+3Cl^{-}+e^{-}\Longrightarrow TiCl_4^{-}+H_2O$	-0.09
$Pb^{2+}+2e^{-}\Longrightarrow Pb$	-0.126
$Sn^{2+}+2e^{-}\Longrightarrow Sn$	-0.136
$AgI(s)+e^{-}\Longrightarrow Ag+I^{-}$	-0.152
$Ni^{2+}+2e^{-}\Longrightarrow Ni$	-0.246
$H_3PO_4+2H^{+}+2e^{-}\Longrightarrow H_3PO_3+H_2O$	-0.276
$Co^{2+}+2e^{-}\Longrightarrow Co$	-0.277
$Tl^{+}+e^{-}\Longrightarrow Tl$	-0.336
$In^{3+}+3e^{-}\Longrightarrow In$	-0.345
$PbSO_4(s)+2e^{-}\Longrightarrow Pb+SO_4^{2-}$	-0.3553
$SeO_3^{2-}+3H_2O+4e^{-}\Longrightarrow Se+6OH^{-}$	-0.336
$As+3H^{+}+3e^{-}\Longrightarrow AsH_3$	-0.38
$Se+2H^{+}+2e^{-}\Longrightarrow H_2Se$	-0.40
$Cd^{2+}+2e^{-}\Longrightarrow Cd$	-0.403
$Cr^{3+}+e^{-}\Longrightarrow Cr^{2+}$	-0.41
$Fe^{2+}+2e^{-}\Longrightarrow Fe$	-0.440
$S+2e^{-}\Longrightarrow S^{2-}$	-0.48
$2CO_2+2H^{+}+2e^{-}\Longrightarrow H_2C_2O_4$	-0.49
$H_3PO_4+2H^{+}+2e^{-}\Longrightarrow H_3PO_3+H_2O$	-0.50
$Sb+3H^{+}+3e^{-}\Longrightarrow SbH_3$	-0.51
$HPbO_2^{-}+H_2O+2e^{-}\Longrightarrow Pb+3OH^{-}$	-0.54
$Ga^{3+}+3e^{-}\Longrightarrow Ga$	-0.56
$TeO_3^{2-}+3H_2O+4e^{-}\Longrightarrow Te+6OH^{-}$	-0.57
$2SO_3^{2-}+3H_2O+4e^{-}\Longrightarrow S_2O_3^{2-}+6OH^{-}$	-0.58
$SO_3^{2-}+3H_2O+4e^{-}\Longrightarrow S+6OH^{-}$	-0.66
$AsO_4^{3-}+2H_2O+2e^{-}\Longrightarrow AsO_2^{-}+4OH^{-}$	-0.67
$Ag_2S(s)+2e^{-}\Longrightarrow 2Ag+S^{2-}$	-0.69
$Zn^{2+}+2e^{-}\Longrightarrow Zn$	-0.763
$2H_2O+2e^{-}\Longrightarrow H_2+2OH^{-}$	-0.828
$Cr^{3+}+2e^{-}\Longrightarrow Cr$	-0.91
$HSnO_2^{-}+H_2O+2e^{-}\Longrightarrow Sn+3OH^{-}$	-0.91
$Se+2e^{-}\Longrightarrow Se^{2-}$	-0.92
$Sn(OH)_6^{2-}+2e^{-}\Longrightarrow HSnO_2^{-}+H_2O+3OH^{-}$	-0.93

半反应	$\varphi^{\ominus}$/V
$CNO^- + H_2O + 2e^- \Longrightarrow CN^- + 2OH^-$	-0.97
$Mn^{2+} + 2e^- \Longrightarrow Mn$	-1.182
$ZnO_2^{2-} + 2H_2O + 2e^- \Longrightarrow Zn + 4OH^-$	-1.216
$Al^{3+} + 3e^- \Longrightarrow Al$	-1.66
$H_2AlO_3^- + H_2O + 3e^- \Longrightarrow Al + 4OH^-$	-2.35
$Mg^{2+} + 2e^- \Longrightarrow Mg$	-2.37
$Na^+ + e^- \Longrightarrow Na$	-2.714
$Ca^{2+} + 2e^- \Longrightarrow Ca$	-2.87
$Sr^{2+} + 2e^- \Longrightarrow Sr$	-2.89
$Ba^{2+} + 2e^- \Longrightarrow Ba$	-2.90
$K^+ + e^- \Longrightarrow K$	-2.925
$Li^+ + e^- \Longrightarrow Li$	-3.042

表 9　某些氧化还原电对的条件电极电位

半反应	$\varphi^{\ominus}$/V	介质
$Ag(II) + e^- \Longrightarrow Ag^+$	1.927	$4mol \cdot L^{-1} HNO_3$
$Ce(IV) + e^- \Longrightarrow Ce(III)$	1.74	$1mol \cdot L^{-1} HClO_4$
	1.44	$0.5mol \cdot L^{-1} H_2SO_4$
	1.28	$1mol \cdot L^{-1} HCl$
$Co^{3+} + e^- \Longrightarrow Co^{2+}$	1.84	$3mol \cdot L^{-1} HNO_3$
$Co(en)_3^{3+} + e^- \Longrightarrow Co(en)_3^{2+}$	-0.2	$0.1mol \cdot L^{-1} KNO_3 + 0.1mol \cdot L^{-1}$ 乙二胺
$Cr(III) + e^- \Longrightarrow Cr(II)$	-0.40	$5mol \cdot L^{-1} HCl$
$Cr_2O_7^{2-} + 14H^+ + 6e^- \Longrightarrow 2Cr^{3+} + 7H_2O$	1.08	$3mol \cdot L^{-1} HCl$
	1.15	$4mol \cdot L^{-1} H_2SO_4$
	1.025	$1mol \cdot L^{-1} HClO_4$
$CrO_4^{2-} + 2H_2O + 3e^- \Longrightarrow CrO_2^- + 4OH^-$	-0.12	$1mol \cdot L^{-1} NaOH$
$Fe(III) + e^- \Longrightarrow Fe^{2+}$	0.767	$1mol \cdot L^{-1} HClO_4$
	0.71	$0.5mol \cdot L^{-1} HCl$
	0.68	$1mol \cdot L^{-1} H_2SO_4$
	0.68	$1mol \cdot L^{-1} HCl$
	0.46	$2mol \cdot L^{-1} H_3PO_4$
	0.51	$1mol \cdot L^{-1} HCl$-$0.25mol \cdot L^{-1} H_3PO_4$
$Fe(EDTA)^- + e^- \Longrightarrow Fe(EDTA)^{2-}$	0.12	$1mol \cdot L^{-1} EDTA, pH = 4 \sim 6$
$Fe(CN)_6^{3-} + e^- \Longrightarrow Fe(CN)_6^{4-}$	0.56	$0.1mol \cdot L^{-1} HCl$
$FeO_4^{2-} + 2H_2O + 3e^- \Longrightarrow FeO_2^- + 4OH^-$	0.55	$10mol \cdot L^{-1} NaOH$
$I_3^- + 2e^- \Longrightarrow 3I^-$	0.5446	$0.5mol \cdot L^{-1} H_2SO_4$

半反应	$\varphi^{\ominus}/V$	介质
$I_2(aq)+2e^- \Longrightarrow 2I^-$	0.6276	$0.5\,mol \cdot L^{-1} H_2SO_4$
$MnO_4^{2-}+8H^++5e^- \Longrightarrow Mn^{2+}+4H_2O$	1.45	$1\,mol \cdot L^{-1} HClO_4$
$SnCl_6^{2-}+2e^- \Longrightarrow SnCl_4^{2-}+2Cl^-$	0.14	$1\,mol \cdot L^{-1} HCl$
$Sb(V)+2e^- \Longrightarrow Sb(III)$	0.75	$3.5\,mol \cdot L^{-1} HCl$
$Sb(OH)_6^-+2e^- \Longrightarrow SbO_2^-+2OH^-+2H_2O$	−0.428	$3\,mol \cdot L^{-1} NaOH$
$SbO_2^-+2H_2O+3e^- \Longrightarrow Sb+4OH^-$	−0.675	$10\,mol \cdot L^{-1} KOH$
$Ti(IV)+e^- \Longrightarrow Ti(III)$	−0.01	$0.2\,mol \cdot L^{-1} H_2SO_4$
	0.12	$2\,mol \cdot L^{-1} H_2SO_4$
	−0.04	$1\,mol \cdot L^{-1} HCl$
	−0.05	$1\,mol \cdot L^{-1} H_3PO_4$
$Pb(II)+2e^- \Longrightarrow Pb$	−0.32	$1\,mol \cdot L^{-1} NaAc$

注：en 为乙二胺。

表 10 微溶化合物的溶度积（18～25℃，$I=0$）

微溶化合物	K_{sp}	pK_{sp}	微溶化合物	K_{sp}	pK_{sp}
AgAc	2×10^{-3}	2.7	$BiPO_4$	1.3×10^{-23}	22.89
Ag_3AsO_4	1×10^{-22}	22.0	Bi_2S_3	1×10^{-97}	97.0
AgBr	5×10^{-13}	12.30	$CaCO_3$	2.9×10^{-9}	8.54
Ag_2CO_3	8.1×10^{-12}	11.09	CaF_2	2.7×10^{-11}	10.57
AgCl	1.8×10^{-10}	9.75	$CaC_2O_4 \cdot H_2O$	2.0×10^{-9}	8.70
Ag_2CrO_4	2.0×10^{-12}	11.71	$Ca_3(PO_4)_2$	2.0×10^{-29}	28.70
AgCN	1.2×10^{-16}	15.92	$CaSO_4$	9.1×10^{-6}	5.04
AgOH	2.0×10^{-8}	7.71	$CaWO_4$	8.7×10^{-9}	8.06
AgI	9.3×10^{-17}	16.03	$CdCO_3$	5.2×10^{-12}	11.28
$Ag_2C_2O_4$	3.5×10^{-11}	10.46	$Cd_2[Fe(CN)_6]$	3.2×10^{-17}	16.49
Ag_3PO_4	1.4×10^{-16}	15.84	$Cd(OH)_2$ 析出	2.5×10^{-14}	13.60
Ag_2SO_4	1.4×10^{-5}	4.84	$CdC_2O_4 \cdot 3H_2O$	9.1×10^{-8}	7.04
Ag_2S	2×10^{-49}	48.7	CdS	8×10^{-27}	26.1
AgSCN	1.0×10^{-12}	12.00	$CoCO_3$	1.4×10^{-13}	12.84
$Al(OH)_3$ 无定形	1.3×10^{-33}	32.9	$Co_2[Fe(CN)_6]$	1.8×10^{-15}	14.74
As_2S_3	2.1×10^{-22}	21.68	$Co(OH)_2$ 新析出	2×10^{-15}	14.7
$BaCO_3$	5.1×10^{-9}	8.29	$Co(OH)_3$	2×10^{-44}	43.7
$BaCrO_4$	1.2×10^{-10}	9.93	$Co[Hg(SCN)_4]$	1.5×10^{-8}	5.82
BaF_2	1×10^{-6}	6.0	α-CoS	4×10^{-21}	20.4
$BaC_2O_4 \cdot H_2O$	2.3×10^{-8}	7.64	β-CoS	2×10^{-25}	24.7
$BsSO_4$	1.1×10^{-10}	9.96	$Co_3(PO_4)_2$	2×10^{-35}	34.7
$Bi(OH)_3$	4×10^{-31}	30.4	$Cr(OH)_3$	6×10^{-31}	30.2
BiOOH	4×10^{-10}	9.4	CuBr	5.2×10^{-9}	8.28
BiI_3	8.1×10^{-19}	18.09	CuCl	1.2×10^{-3}	5.92
BiOCl	1.8×10^{-31}	30.75	CuCN	3.2×10^{-20}	19.49

微溶化合物	K_{sp}	pK_{sp}	微溶化合物	K_{sp}	pK_{sp}
CuI	1.1×10^{-12}	11.96	α-NiS	3×10^{-19}	18.5
CuOH	1×10^{-14}	14.0	β-NiS	1×10^{-24}	24.0
Cu_2S	2×10^{-48}	47.7	γ-NiS	2×10^{-26}	25.7
CuSCN	4.8×10^{-15}	14.32	$PbCO_3$	7.4×10^{-14}	13.13
$CuCO_3$	1.4×10^{-10}	9.86	$PbCl_2$	1.6×10^{-5}	4.79
$Cu(OH)_2$	2.2×10^{-20}	19.66	PbClF	2.4×10^{-9}	8.26
CuS	6×10^{-36}	35.2	$PbCrO_4$	2.8×10^{-13}	12.55
$FeCO_3$	3.2×10^{-11}	10.50	PbF_2	2.7×10^{-8}	7.57
$Fe(OH)_2$	8×10^{-16}	15.1	$Pb(OH)_2$	1.2×10^{-15}	14.93
FeS	6×10^{-18}	17.2	PbI_2	7.1×10^{-9}	8.15
$Fe(OH)_3$	4×10^{-38}	37.4	$PbMoO_4$	1×10^{-13}	13.0
$FePO_4$	1.3×10^{-22}	21.89	$Pb_3(PO_4)_2$	8.0×10^{-43}	42.10
Hg_2Br_2	5.8×10^{-23}	22.24	$PbSO_4$	1.6×10^{-8}	7.79
Hg_2CO_3	8.9×10^{-17}	16.05	PbS	8×10^{-28}	27.9
Hg_2Cl_2	1.3×10^{-18}	17.88	$Pb(OH)_4$	3×10^{-66}	65.5
$Hg_2(OH)_2$	2×10^{-24}	23.7	$Sb(OH)_3$	4×10^{-42}	41.4
Hg_2I_2	4.5×10^{-29}	28.35	Sb_2S_3	2×10^{-93}	92.8
Hg_2SO_4	7.4×10^{-7}	6.13	$Sn(OH)_2$	1.4×10^{-28}	27.85
Hg_2S	1×10^{-47}	47.0	SnS	1×10^{-25}	25.0
$Hg(OH)_2$	3.0×10^{-25}	25.52	$Sn(OH)_4$	1×10^{-56}	56.0
HgS 红色	4×10^{-53}	52.4	SnS_2	2×10^{-27}	26.7
HgS 黑色	2×10^{-52}	51.7	$SrCO_3$	1.1×10^{-10}	9.96
$MgNH_4PO_4$	2×10^{-13}	12.7	$SrCrO_4$	2.2×10^{-5}	4.65
$MgCO_3$	3.5×10^{-8}	7.46	SrF_2	2.4×10^{-9}	8.61
MgF_2	6.4×10^{-9}	8.19	$SrC_2O_4 \cdot H_2O$	1.6×10^{-7}	6.80
$Mg(OH)_2$	1.8×10^{-11}	10.74	$Sr_3(PO_4)_2$	4.1×10^{-28}	27.39
$MnCO_3$	1.8×10^{-11}	10.74	$SrSO_4$	3.2×10^{-7}	6.49
$Mn(OH)_2$	1.9×10^{-13}	12.72	$Ti(OH)_3$	1×10^{-40}	40.0
MnS 无定形	2×10^{-10}	9.7	$ZnCO_3$	1.4×10^{-11}	10.84
MnS 晶形	2×10^{-13}	12.7	$Zn_2[Fe(CN)_6]$	4.1×10^{-16}	15.39
$NiCO_3$	6.6×10^{-9}	8.18	$Zn(OH)_2$	1.2×10^{-17}	16.92
$Ni(OH)_2$ 新析出	2×10^{-15}	14.7	$Zn_3(PO_4)_2$	9.1×10^{-33}	32.04
$Ni_3(PO_4)_2$	5×10^{-31}	30.3	ZnS	2×10^{-22}	21.7

参考文献

[1] 武汉大学.分析化学.第3版.北京：高等教育出版社，1995.
[2] 武汉大学.分析化学.第4版.北京：高等教育出版社，2000.
[3] 武汉大学.分析化学.上册.第5版.北京：高等教育出版社，2006.
[4] 薛华等.分析化学.第2版.北京：清华大学出版社，2009.
[5] 陈兴国等.分析化学.北京：高等教育出版社，2012.
[6] 孙毓庆等.分析化学.北京：科学出版社，2006.
[7] 刘志广.分析化学学习指导.第4版.北京：大连理工大学出版社，2002.
[8] 王元兰等.无机及分析化学.第2版.北京：化学工业出版社，2017.
[9] 翁德会等.分析化学.第2版.北京：北京大学出版社，2013.
[10] 李克安.分析化学.北京：北京大学出版社，2005.
[11] 王应玮，梁树权.分析化学中的分离方法.北京：科学出版社，1988.
[12] 林邦 A.分析化学中络合作用.戴明译.北京：高等教育出版社，1979.
[13] 常文保，李克安.简明分析化学手册.北京：北京大学出版社，1981.
[14] 华东化工学院分析化学教研组，等.分析化学.第3版.北京：高等教育出版社，1989.